做更厉害的人

刘建华 编著

吉林文史出版社

JILIN WENSHI CHUBANSHE

图书在版编目（CIP）数据

做更厉害的人 / 刘建华编著. -- 长春 : 吉林文
史出版社，2019.9（2023.9重印）

ISBN 978-7-5472-6462-1

Ⅰ．①做… Ⅱ．①刘… Ⅲ．①成功心理一通俗读物

Ⅳ.①B848.4-49

中国版本图书馆CIP数据核字(2019)第161378号

做更厉害的人

ZUO GENG LIHAI DE REN

编　　著　刘建华
责任编辑　王丽环
封面设计　韩立强
出版发行　吉林文史出版社有限责任公司
地　　址　长春市净月区福祉大路5788号
网　　址　www.jlws.com.cn
印　　刷　天津海德伟业印务有限公司
版　　次　2019年9月第1版　2023年9月第3次印刷
开　　本　880mm×1230mm　　1/32
字　　数　145千
印　　张　6
书　　号　ISBN 978-7-5472-6462-1
定　　价　32.00元

前　言

一个人厉害不厉害，有没有本事，其实，很多时候，我们可以通过他们的言行举止观察出来。

厉害的人，他们都有一个特别优秀的品质，那就是卓越的办事能力。从一定意义上说，这个世界的一切"好东西"，如财富、地位、荣誉等与"幸福"有关的东西，似乎都是给能办事和会办事的人预备的。"办事手到擒来"是厉害的人身上一个明显的标签。

厉害的人，大多能说会道。三寸之舌，强于百万雄兵；一人之辩，重于九鼎之宝。一句话的巨大影响力是你所料想不到的，刘备一言可以诛吕布，敬新磨片语能够救己命……你说口才有多厉害！

厉害的人，都知道如何推销自我。现在处于商品与人才"供大于求"的时代，缺了谁，业务可以照样做，公司可以照样开。想要证明自己厉害，最好先主动地让别人认识自己、记住自己、接受自己、欣赏自己。

厉害的人，看得清潮流，把握得住机会。天下潮流，浩浩荡荡，顺势者昌，逆势者亡，唯有谋势者才能站得高，看得远，高屋建瓴，捷足先登。

厉害的人，遇到困难不逃避。他们不会躲避困难，而是通过自己的解释、商讨、分析来寻求解决困难的最佳方式。他们能够咬紧牙关坚持到底，并笑到最后，就正是他们的厉害之处。

本书正是基于以上观点进行的编写。全书尽量摒弃枯燥的理论、空洞的说教，告诉读者在人生舞台扮演主角，成为别人口里的厉害之人。

目　录

第一章　厉害的人办事手到擒来

第二章　厉害的人大多能说会道

第三章　厉害的人擅长自我推销

第四章　厉害的人都是谋势高手

第五章　厉害的人从不轻易言败

第六章　厉害的人一遇风云便化龙

第一章　厉害的人办事手到擒来

谁是最厉害的人？

他不一定长得最帅，也不一定最有钱，但一定擅长办事。大事小事麻烦事，鲜有他办不成的事。

人这一辈子，几乎天天在办大大小小的事。能不能把事情办妥，是评判一个人能力的重要标尺。

知己知彼，百战不殆

有一次，美国钢铁公司总经理卡耐基请来美国著名的房地产经纪人约瑟夫·戴尔，对他说："约瑟夫，我们钢铁公司的房子是租别人的，我想还是自己有座房子比较好。"卡耐基从自己的办公室窗户望出去，只见江中船舶来往，码头上车辆密集，一幅非常繁荣热闹的画面。卡耐基接着又说："我想买的房子，也必须能看到这样的景色，或是能够眺望港湾的，请你去替我物色一所符合条件的楼房吧。"

约瑟夫·戴尔花了好几个星期的时间，琢磨哪里有这样合适的房子。他又是画图纸，又是写方案，但这些东西一点儿也派不上用处。最后，他仅凭着两句话和5分钟的沉默，就卖了一座合适的房子给卡耐基。

自然，在许多"合适"的房子中间，第一所便是卡耐基及其钢铁公司隔壁相邻的那幢楼房。因为卡耐基所喜爱的江面景色，除了这所房子以外，再没有别的地方能更好地眺望江景了。卡耐基似乎很想买隔壁相邻那座更时髦的房子，并且据他说，有些同事也非常支持买那座房子。

当卡耐基第二次请约瑟夫去商讨买房之事时，约瑟夫劝他买下钢铁公司本来住着的那幢旧楼房。约瑟夫指出，隔壁相邻那座房子中所能眺望到的景色，不久便要被一所计划中的新建筑所遮蔽了，而这所旧房子还可以保全多年对江面景色的眺望。

卡耐基立刻对此建议表示反对，并竭力加以辩解，表示他完全不考虑这所旧房子。但约瑟夫·戴尔并不申辩，他只是认真地倾听着，脑子中在飞快地思考……

卡耐基始终坚决地反对购买旧房子，这正如一个律师在论证自己的辩护。然而他对那所房子的木料、建筑结构所下的批评结论，以及他反对的理由，都是些无关紧要的琐碎的地方。约瑟夫隐约感觉到这并不是出于卡耐基的本意，而是出自那些主张买隔壁相邻那幢新房子的职员的意见。约瑟夫听着听着，心里也明白了八九分，他知道卡耐基说的并不是其真心话。其实他心里想买的，正是嘴上竭力反对的旧房子。

由于约瑟夫一言不发地静静坐在那里听，没有反驳他对买这所房子的反对，卡耐基也就停下来不讲了。于是，他们俩都沉寂地坐着，向窗外望去，看着卡耐基所非常喜欢的景色。

约瑟夫后来曾对别人讲述他运用的策略："那时候，我连眼皮都不敢眨一下，非常沉静地问卡耐基：'先生，你初来纽约的时候，你住在哪里？'他沉默了一会儿才说：'什么意思？就住在这所房子里。'我等了一会儿，又问，'钢铁公司在哪里成立的？'他又沉默了一会儿才答道：'也在这里，就在我们此刻所坐的办公室里诞生的。'他说得很慢，我也不再说什么。就这样又过了5分钟，这时简直像过了15分钟的样子。我们都默默地坐着，大家眺望着窗外。终于，他以半带兴奋的腔调对我说：'虽然我的职员们都主张搬出这座房子，然而这是我们的起家之处啊。我们可以说是在这里诞生成长的；这里实在是我们应该永远长驻下去的地方！'于是，在半小时之内，这件事就敲定了。"

约瑟夫·戴尔的大获全胜，源于他从两次与卡耐基的交谈中，琢磨出了卡耐基心中的真正想法。他感觉到在卡耐基心中，潜伏着一种他自己并不十分清晰的、尚未觉察的情绪，即一种十分矛盾的心理。那就是，卡耐基一方面受其职员的影响，想搬出这座老房子，另一方面，他又非常依恋这所房子，仍旧想在这儿住下去。

约瑟夫·戴尔巧妙地刺激了卡耐基的隐衷，使其内心的想法完全透露出来。他就像一个点燃干柴的人，以微小的星火，触发熊熊的烈焰。

"知己知彼，百战百胜"这句老话，是很有道理的。战争如此，在交涉过程中说服别人也必须如此。在说服对方之前，必须透彻地了解被说服对象的有关情况，以便有针对性地进行工作。了解的内容主要有：

1. 了解对方的性格

不同性格的人，对接受他人意见的方式和敏感程度是不一样的。如：是性格急躁的人，还是性格稳重的人；是自负又不学无术的人，还是有真才实学又很谦虚的人。掌握了对方的性格，就可以按照他的性格特征，有针对性地工作。

2. 了解对方的长处

一个人的长处，就是他最熟悉、最了解、最易理解的领域。如有人对部队生活熟悉，有人对农村生活比较熟悉，有人擅长文艺，有人擅长语言，有人擅长交际，有人擅长计算等等。在说服人的时候，从对方的长处入手。第一，能和他谈到一起去；第二，在他所擅长的领域里，谈起话来他容易理解，便容易说服他；第三，能将他的长处作为说服人的一个有利条件，如一个伶牙俐齿、善于交际的人，在分配他作供销工作时可以说："你在这方面比别人具有难得的才能""这是发挥你潜在能力的最好机会"，这样谈既有理有据，又能表明领导者对他的信任，还能引起他对新工作的兴趣。

3. 了解对方的兴趣

有人喜欢绘画，有人喜欢音乐，还有人喜欢下棋、养鸟、集邮、书法、写作等，人都喜欢从事和谈起其最感兴趣的事物。从这里入手，打开他的"话匣子"，再对他进行说服，便较容易达到说服的目的。

4. 了解对方的其他想法

一个人坚持一种想法，绝不是偶然的，他必定有自己的理由，而且他讲的道理一般都符合国家政策、集体利益或人之常情。但这常常不是他的真实想法，他的真实想法怕说出来被人瞧不起，难于启齿。如果领导者能真正了解他的"苦衷"，就能有针对性地加以解决。

5. 了解对方当时的情绪

一般说，影响对方情绪的因素，一是谈话前对方因其他事情所造成的心绪仍在起作用；二是谈话当时对方的注意力正集中在哪里；三是对说服者的看法和态度。所以，说服者在开始说服之前，要设法了解他当时的思想动态和情绪，这对说服的成败，是一个重要的因素。

了解对方是有很多学问的。许多人不能说服别人，是因为他没有仔细研究对方的心理，没有研究用适当的表达方式，就急忙下结论，还以为"一眼看穿了别人"。这就像那些粗心的医生，对病人病情不了解就开了药方，当然没有不碰钉子的。

巧妙提出办事请求

所谓的巧妙，指的是不生硬、不唐突、不强迫。下面通过一些实例，总结出一些实用的办法。

1. 间接请求

通过间接的表达方式（例如使用能愿动词、疑问句等），以商量的口气把有关请求提出来，讲得婉转一些，令人比较容易接受。如：

"你能否尽快替我把这事办一下？"

（比较：赶快给我把这事办一下！）

通过比较，我们不难看出，间接的表达方式要比直接的表达方式礼貌得多，因而更容易得到对方的帮助或认可。

2. 借机请求

借助插入语、附加问句、程序副词、状语从句及有关句型等来减轻话语的压力，避免唐突，充分维护对方的面子。如：

"不知你可不可以把这封信带给他？"

（比较：把这封信带给他！）

我们可以发现，语言中有很多缓冲词语，只要使用得当，就会大大缓和说话的语气。

3. 激将请求

通过流露不太相信能成功的想法，把请求、建议表达出来，给对方和自己留下充分考虑的余地。

"你可能不愿意去，不过我还是想麻烦你去一趟。"

你请别人帮忙或者向别人提出建议时，如果在话语中表示人家可能不具备有关条件或意愿就不应强人所难，自己也显得很有分寸。

4．缩小请求

尽量把自己的要求说得很小，以便对方顺利接受，满足自己的愿望和要求。

"你帮我解决这一步已使我感激不尽了，其余的我将自己想办法解决。"

我们确实经常发现，人们在提出某些请求时，往往会把大事说小，这并不是变着法儿使唤人，而是适当减轻给别人带来的心理压力，同时也使自己便于启齿。

5．谦恭请求

通过抬高对方、贬低自己的方法把有关请求等表达出来，显得彬彬有礼、十分恭敬。

"您老就不要推辞了，弟子们都恭候着呢！"

请求别人帮助，最传统有效的做法是尽量表示虔敬，使人感到备受尊重，乐于从命。

6．自责请求

首先讲明自己知道不该提出某个请求，然后说明为实情所迫不得不讲出来，令人感到实出无奈。

"真不该在这个时候打搅您，但是实在没有办法，只好麻烦您一下。"

在人际交往中，要知道在有的时候、有些场合打搅别人是不适合的，不礼貌的，但这时又不得不麻烦人家，这就应该表示知道不妥，求得人家谅解，以免显得冒失。

7. 体谅请求

首先说明自己了解并体谅对方的心情，再把自己的要求或想法表达出来。

"我知道你手头也不宽裕，不过实在没办法，只好向你借一借。"

求人的重要原则就是充分体谅别人，这不仅要在行动中体现出来，而且要在言语当中表示出来。

8. 迟疑请求

首先讲明自己本不情愿打扰对方，然后再把有关要求等讲出来，以缓和讲话语气。

"这件事我实在不想多提，但形势所迫，不得不求助于您了。"

在提出要求时，如果在话语中表示自己本不愿意说，这样就会显得自己比较有涵养。

9. 述因请求

在提出请求时把具体原因讲出来，使对方感到很有道理，应该给予帮助。

"隔行如隔山，我一点儿也不知道人家那边的规矩。你是内行，就替我办了吧！"

在提出请求时，如果把有关理由讲清楚，就会显得合乎情理，令人欣然接受。

10. 乞谅请求

首先表示请求对方谅解，然后再把自己的愿望或请求等表达出来，以免过于唐突。

"恕我冒昧，这次又来麻烦你了。"

请求别人原谅，这是通过礼貌语言进行交际的最有效方法，人们常常使用这种方式来进行交流，显得比较友好、和谐。

抓住对方的兴奋点

《孙子兵法·九地篇》中说："为兵之事,在佯顺敌意。"这句话的意思是说,指挥打仗,在于假装顺从敌人的意图。

"佯顺敌意",办事的目的在于争取主动,致敌而不至于敌,顺水推舟,就坡下驴,投其所好,目的都是要调动敌人就我所范。

社会心理学的研究证明,人的情感引导行动。积极的情感,比如喜欢、愉快、兴奋,往往产生理解、接纳、合作的行为效果;而消极的情感,如讨厌、憎恶、气愤等,则带来排斥和拒绝。要使人对你的态度从排斥、拒绝、漠然处之到对你产生兴趣并予以关注,就需要最大限度地引导、激发对方的积极情感,"佯顺敌意",投其所好,就得善于寻找对方的"兴奋点"。

战国时期,晋国大夫荀息以屈地的良马和垂棘的玉璧为礼品贿赂虞公,借道伐虢,并最后灭虞。荀息准确地掌握了虞公贪财好利的心理,以甜言蜜语称颂他,使虞公只知与晋为同宗,而不知晋的野心,执迷不悟,不听宫之奇忠告,结果国家破灭,自己也被抓住当了晋献公女儿的陪嫁人。这是应用"佯顺敌意"心术的典范。

佯顺敌意并不一定要借助物质手段,有时赞美他人,从心理上使其满足,也能达到良好的效果。

清代著名画家郑板桥名气很大,不肯向权贵富豪低头折腰,也不愿卖字画给他们,即使因这样那样的原因不得不给,就把题上款一项省掉。如果题有上款,称为某兄某弟,那就是郑板桥对那人青眼有加了。

扬州有一个盐商叫王德仁，字昌义，家财万贯，却苦于得不到郑板桥的一幅正版字画，就算辗转迂回地弄到几幅，也不会有上款，这事一直让他耿耿于怀。

王德仁长期谋划，得到一个计策。他得知郑板桥就爱吃狗肉，若有人做一锅香喷喷的狗肉送给他，他就会写一小幅字画回报，而且不要钱。

郑板桥喜欢出游，常常流连山水，乐而忘返。一天，他游到一处地方，时已过午，有点饿了。忽然听到悠扬的琴声从远处飘来，他循声寻去，发现前面有一片竹林，竹林中有两三间茅屋。刚走近茅屋，一股肉香又扑鼻而来，茅屋里面有一位老者，须眉皆白，道貌岸然，正襟危坐弹琴，旁边有一个小童正在用红泥火炉炖狗肉。郑板桥不由得垂涎三尺，对老者说："老先生也喜欢吃狗肉？"老者说："世间百味惟狗肉最佳，看来你也是一个知味者。"郑板桥深深一揖："不敢，不敢，口之于味，有同嗜焉。"老人说："那太好了，我正愁一人无伴，负此风光。"于是便叫小童盛肉斟酒，邀郑板桥对坐豪饮。

郑板桥高兴极了，肉饱酒酣之余，想用字画作为回报。见老者四壁洁白如纸，但却空无一物，便问："老先生四壁空空，为何不挂些字画？"老者说："书画雅事，方今粗俗者多，听说城内有个郑板桥，人品不俗，书画也好，不知名实相符否？"郑板桥说："在下就是郑板桥，为先生写几幅如何？"老者大喜，赶忙拿出预先准备好的纸笔。于是郑板桥当面挥毫，立成数幅，最后老者说："贱字'昌义'，请足下落个上款，也不枉你我今天一面之缘。"郑板桥听了不由一怔，说道："'昌义'是盐商王德仁的字，老先生怎么与他同号了？"老者说："我取名字的时候他还没有生呢，是他与我同字，不是我与他同字，而且天下同名同姓的人太多了，清者清，浊者浊，这有什么关系呢!"

郑板桥见他说得在理，而且谈吐不凡，于是为他落了上款，然后道谢告别而去。

第二天郑板桥一早起来，想起昨天吃狗肉的事，总觉得有点不对劲，于是叫一个仆人到盐商王德仁家去打听情况。仆人回来说，王德仁将郑板桥送的字画悬挂中堂，正在发柬请客，准备举行盛大的庆祝宴会呢。

原来，王德仁早就调查清楚了郑板桥的饮食起居，习性爱好，以及他经常去的地方，并以重金聘请了一位老秀才，花了几个月的时间等待，才抓到了这个机会，让郑板桥上了当。

像郑板桥这样清廉正直的人，却被一顿狗肉引上了"钩"，可见"投其所好"这一方法，只要运用得当，则可以办成许多难办的事。

仔细权衡利弊再决策

有的人办事只图一时痛快，而对产生的后果考虑得不仔细，因而悔之莫及。聪明人恰好相反，当需要对一件事做出决策时，他们总是左思右想、瞻前顾后，直到对行为的利弊得失形成清楚认识，再做决策。也正因此，他们后悔的事情比较少，生活比较顺利。下面二则故事，就说明了这一道理。

唐太宗的时候，李继迁来骚扰西部边疆。保安军向皇上报告说，捉到了李继迁的母亲。唐太宗想要杀掉李继迁的母亲，因此，单独召见担任枢密官的寇准，商量处置办法。商量完，寇准退出，走到宰相府门口时，吕端问寇准道："能向我透点消息吗？"寇准道："可以。"吕端说："准备怎么处理呢？"寇准说："打算在保安军北门外斩首，以此警告那些反叛之辈。"吕端说："这可不是一个好办法。"

说完，他马上启奏唐太宗说："过去项羽打算油烹刘邦的父亲，刘邦告诉项羽：'如果油炸了我的父亲，希望把他的肉汤分一杯给我喝。'一般说来，成就大事业的人是不会顾恋亲人的，更何况李继迁这个不讲仁义的反叛之徒呢！陛下您今天把他母亲杀了，明天就能捉到李继迁吗？如果捉不到，白白结下怨仇，只能越来越坚定他反叛的决心。"太宗问："既然这样，那怎么办好呢？"吕端说："以我的愚见，应该把他的母亲流放到西边疆的延州，好好地对待她，这样可以诱降李继迁。即使他不能马上投降，也可以拴住他的心啊！而他母亲的生死大权却时时握在我们的手里'！"太宗听后，拍着腿叫好，说道："若不是你，几乎误了我的大事！"

　　后来，李继迁的母亲在延州逝世，不久李继迁也死了，他的儿子投降了朝廷。

　　冯益是皇帝的医生，也是一名有权势的官吏，大臣们都很恨他。一天，山东泗州的知州启奏皇上说："外面传闻冯益派人收买飞鸽，还有许多非法的事。"大臣张浚奏请皇上，要杀了冯益。赵鼎却表示反对，他说："冯益的事暧昧不清，但似乎有关国家威望，不是一件小事。如果朝廷不惩罚他，那么，人们会以为他干的那些坏事都是皇上派遣的，这有损皇上的威望。但事情不太清楚，处以死刑，又太重了，不如暂时解除他的职务，流放外地，解除他人的迷惑。"

　　皇上表示同意，把冯益流放到了浙东。张浚很生气，以为赵鼎和自己过不去。赵鼎解释道："自古以来，要排除小人，急了，小人们抱团聚堆，一致对外，祸害反而更大；慢了，他们就自相排挤，彼此火拼。冯益的罪过，就是把他杀了也不足以告慰天下。但这样做，那些宦官们必然害怕皇上杀顺了手，挨到自己头上。肯定争相为之辩驳，减轻罪过。不如使之遭贬，流放外地。这样，他们见罪过不重，就不会全力营救，这就是说，冯益再也休想返还！反过来，如果我们处死冯益，这些人视吾辈为寇仇，其勾结越加密切，很难打破啊！"听了这些，张浚叹服不已。

　　瞻前顾后绝非懦夫之举，亦非畏前怕后。它是智慧者决策前的周密思考，是处以进退之间而欲进取不败的重要手段。不瞻前顾后，鲁莽行事必遭挫折、失败。蜜蜂飞入花苞中尽情地采蜜，当傍晚将至，花苞欲合，它还恋恋不舍，采蜜不止，不欲离去，而当花苞闭合，它再也飞不出来，只能死于花苞中。这也许就是不思瞻前顾后的悲剧。《说苑·建本》曰："不慎其前，而悔其后，虽悔何及。"可谓至理名言。

审时度势，善于变通

敏锐的眼光和判断力是事业成功的必备素质。俗话说，一叶知秋。任何事情在局势明朗之前，肯定都会有其前兆。具有慧眼的人会根据这些细微之处，正确判断出事态的发展而采取相应的行动。要想获得成功就必须把自己培养成能判断形势的高手，从而把行动的主动权牢牢掌握在自己手中。

未雨绸缪，它通常是在采取重大变动前一种很理智的做法。人生每逢重大变动，未雨绸缪就显得特别重要，特别是对那些成功之人，"打江山本身就不易"。不要使对方产生憎恨，这种内心的憎恨看起来好像无所谓，但是，心有所想就会有所表现，一旦憎恨和怒火被对方察觉，办事的希望就会彻底破灭了。所以，无论何时、何地，都要向对方传达你对他的理解，这是最迅速、简捷的做法，"我知道你的感觉"或"我很理解你的心情"，请把这些话记在心里，时刻运用吧！

同时，生活纷繁复杂，永远有许多无法预测到的问题会发生。世界变化如此之快，唯一办法就是保持应变能力。你要准备随时改变方向、改变过去的思维方式，适应对手的变化……这是积极的做法。

"机动灵活是办事高手的基本素质之一。穷则变，变则通，通则久。许多不能办成的事，如果能够采取变通的方法处理，就有可能取得成功。"

战国时，庄公把母亲姜氏放逐到城颍，临行他发誓道："咱们不到地底下，别想见面！"

后来他又后悔了，颖考叔担任颖谷封人的官职，听说这件事，就亲自进贡礼物给庄公。庄公宴请他，他吃的时候单独挑出肉来放在一边。庄公问他为什么，他回答道："小臣有老母亲，我想弄些肉给她尝尝。"

庄公说："你有母亲可以送食物，唉，我却没有！"颖考叔说："请问这是什么意思？"庄公把发誓的事告诉他，并且说后悔不已。颖考叔说："您担什么心呢！要是挖个地道，然后您和姜夫人通过地道来见面，谁会说您违背了誓言呢？"

庄公照他的话去办。庄公走进地道时朗诵了两句诗："走进地道里，快乐真无比！"姜氏走出地道时也朗诵了两句诗："走出地道门，高兴难形容！"从此，母子两个就和好了。

有时候，人人都可能说些看起来没有退路的绝情话，过后又常常后悔，但话已不能收回。此时，你不妨将说过的那些话从字面上圆通一下，在词义上作点文章，这样既可以收回原话，又可以为自己挽回点面子。这就是善于变通的技巧。

不屈不挠，以势取胜

我们办任何事都希望成功，然而成功却是汗水浇出来的花，只有那些善于把握时机的人，在对待挫折的态度上始终秉着一种不屈不挠的精神，才能最终达到目的。

一本美国小说里有这么一个小故事，小说中的主人公大卫有个叔叔，是个农庄的庄主，拥有不少的奴仆。有一天下午，大卫和叔叔在磨坊里磨麦子，正当他们忙得不可开交的时候，磨房的门静静地被打开了，一个奴仆的孩子走了进来。叔父回头看了看，语气恶劣地问她："什么事？"

那女孩声清气朗地回答："我妈让我向您要五毛钱。"

"不行！穷鬼，你回去！"

"是。"女孩率直地应着，可是一点也没有离开的意思。

叔叔只专心埋头工作，根本没察觉她还站在那儿，好不容易再度抬起了头，才看到女孩静静地候在门口，他火了，大声赶她：

"我叫你回去，你听不懂啊！再不走，我会让你好看的！"

女孩依旧应了声："是。"但却仍然动不也动地站在那儿。

这可真把叔叔恼得火冒三丈，重重放下手头的一袋麦子，顺手抓了身边一把秤杆，气愤难当地往门口走去。大卫看到叔叔那副难看的脸色，心想这小姑娘肯定会大祸临头了。

然而，那个女孩毫无惧色，不等叔叔走去，反先迎着叔叔踏前一步，正气凛然的眼神眨也不眨地仰视着凶恶的主人，斩钉截铁地说道：

"我妈说无论如何都要拿到五毛钱!"

局势一下子变了,叔叔整个愣住了,细细地端详女孩的脸,缓缓地放下了秤杆,从口袋里掏出五毛钱给了女孩。

女孩一边拿钱,一边直直地瞪着打败了的对手,泰然地一步步往门口退去。等她完全走出磨房,叔叔垂头丧气一屁股坐在木椅上,好长一段时间默默不语地望着窗外,思索着事情发生的前因后果。

面对一个暴躁、粗俗、无知、甚至是不讲理的对手时,千万别因此就被对方影响,这时候更需要冷静、沉着,因为你如果被对方的气势所吓倒,往往就会在恐怖中订了城下之盟。

小女孩面对凶恶的主人,不被他的气势所逼,而是沉着应付,这种神奇力量的发挥,完完全全地挫败了主人那不可抗拒的锐气。彻底制服了一个有权有势的人,使得他在万分愤怒的情形之下绵羊般温驯下来,这其中不难看出,小女孩获胜的法宝其实就是她的沉着、大胆以及不屈不挠。所以说沉着、镇静以及不屈不挠是我们办好事情的利剑。

寻找第三条道路

形而上学的人生活在绝对的两极思维中，或者是甲，或者是非甲（乙），或者这样，或者那样，没有其他的选择。丰富复杂的社会生活以无数的事实证明这种思维方式是错误的。生活中常有这样的事情发生：既不是甲，也不是非甲（乙），而是丙，换一句话说，就一个问题的解决方案而言，正方案不行，反方案不行，只有正反方案之外的方案，即第三条方案才是最佳。

宋朝的蔡京在洛阳的时候，遇到一则有趣的诉讼案件。有一位妇女生过一个儿子之后改嫁了，在新家里又生了一个儿子。后来，两个儿子长大成人，都做了官。他俩争着奉养母亲，相持不下，以至于打上了官司。断案的人没有办法裁决，向蔡京求助。蔡京听后说："这有什么困难？问问他们的母亲，如愿意到谁家就去谁家，不就完了么？"就这样，蔡京一言断了一案。

以这个例子可以看出，断案人之所以陷入困境，是他的注意力只在对立的两个方案中打转转，是这个儿子的要求对，还是那个儿子的要求对？他就没想到跳出这个圈子，另外想个办法。蔡京的高明之处，就在于发现了第三条路。

明代甘肃的庄浪有个部落首领鲁麟曾被任命为甘肃副将。他想作大将未能如愿，就以孩子小为借口回到庄浪，不出任副将职务。面对这种情况，有人主张给他大将印，有人主张召他到京，安置到别的地方做官。双方争议不下。尚书刘大夏却说："鲁麟这个人暴虐，不善于使用下属，没有多大的作为，但也没有什么罪。我们给他大将印，不合规法；召他进京，他可能不来，这又有损朝廷的威信。"为此,他想出另外一个办法,他给皇帝写了一个奏疏,充分肯定赞扬了鲁麟的忠诚和功绩,并同意他退休在家。然后,将这番意思通报了鲁麟。

后来,鲁麟在郁郁不乐中死去。

蔡京和刘大夏的高明之处,都在于跳出二难的选择圈子,另辟蹊径,也就是寻找第三条道路。

办事能力平常的人在处理事情时,往往是一叶障目,不知泰山之大,在非常狭小的空间内打转转,不能以发散的思维方式和开阔的视野去寻求解决问题的方案。我们说,办事能力高超的人能见人所未见,知人所未知,原因何在?其实很简单,就是眼光敏锐,站得高,看得远,能在别人思考的范围之外思考,从而发现别人难以发现的东西。我们要想提高办事能力,也应该善于在常规范围之外寻找解决问题的方案!我们应该仔细玩味这句话的道理:

山穷水尽疑无路,

柳暗花明又一村!

快刀斩乱麻

有些人有时会把一些简单的事情复杂化，越去研究它，就越觉得难以战胜它。实际上，很多时候，解决某些问题只需一个简单的意念，一个直觉，并且照着你的直觉去做，这样就可能把自己从令人身心俱疲的思想缠绕中解救出来——看到问题的根本，原来事情就这么简单。

英国某家报纸曾举办过一项高额奖金的有奖征答活动。题目是：在一个充气不足的热气球上，载着三位关系世界兴亡命运的科学家。

第一位是环保专家，他的研究可拯救无数的人们，免于因环境污染而面临死亡的噩运。

第二位是核子物理专家，他有能力防止全球性的核战争爆发，使地球免于遭受灭亡的绝境。

第三位是农业专家，他能在不毛之地，运用专业知识成功种植粮食，使几千万人脱离因饥荒而亡的命运。

此刻热气球即将坠毁，必须至少扔出一个人以减轻载重，其余的两人才有可能存活——如果继续超重，还可能需要再扔下一个人，请问该丢掉哪位科学家？

问题刊出之后，因为奖金的数额相当庞大，各地答复的信件如雪片般飞来。在这些答复的信中，每个人皆竭其所能，甚至天马行空地阐述必须扔掉哪位科学家的宏观见解。

最后结果揭晓了，巨额奖金的得主是一个小男孩。

他的答案是——将最胖的那位科学家扔出去。

您比较想将哪位科学家扔出去呢？

这当然是一种找噱头式的炒作，但这个小男孩睿智而幽默的答案，是否也同时提醒了许多聪明的大人们：最单纯的思考方式，往往会比复杂地去钻牛角尖，更能获得好的成效。

尽管解决疑难问题的好方式有很多，但归纳起来只有一种，那就是真正能切合该问题的实际，而非自说自话、脱离问题本身的盲目探讨。所以，往后如遭遇任何困境，我们不妨先仔细想清楚，问题真正的重点何在。

我们可以通过单纯化的思考，将这种思考的方式模式化，训练成为日常的习惯。经过反复的应用，假以时日，您将不会再为问题复杂的表象所困惑，而拥有足够的智慧，得以找出自己能够处理解决的答案来。

世界上有许多事原本都很简单，却因为人们复杂的思维模式而变得复杂。人们和这些复杂问题不断地斗争，并且依据各种理论、各种经验，用一些连自己也不明确的方法来解决问题。实际上，解决这些复杂的问题，最好的方法往往就是运用简单思维。

人们经常把一件事情想得非常复杂，在做事之前思前想后，再三权衡利弊。之所以常犯这种毛病，问题就出在"把一切复杂化"上，这样就有意无意地给自己设置了许多"圈套"，在其中钻来钻去。殊不知解决问题的方法反而在这些"圈套"之外。

记住这样一句话吧：聪明的人把复杂的事情简单化，愚蠢的人常把简单的事情复杂化。为什么偏要自己和自己较劲呢？值得吗？

每临大事有静气

面对一件危急的事，出于本能，许多人都会做出惊惶失措的反应。然而，仔细想来，惊惶失措非但于事无补，反而会添出许多乱子来。试想，如果是两方相争的时候，第三方就会乘危而攻，那岂不是雪上加霜吗？

所以，在紧急时刻临危不乱，处变不惊，以高度的镇定，冷静地分析形势，那才是明智之举。

唐代宪宗时期，有个中书令叫裴度。有一天，手下人慌慌张张地跑来向他报告说，他的大印不见了。为官的丢了大印，真是一件非同小可的事。可是裴度听了报告之后一点也不惊慌，只是点头表示知道了。然后，他告诫身边的人千万不要张扬这件事。

左右之人看裴中书并不是他们想象一般惊惶失措，都感到疑惑不解，猜不透裴度心中是怎样想的。而更使周围的人吃惊的是，裴度就像完全忘掉了丢印的事，竟然当晚在府中大宴宾客，和众人饮酒取乐，十分逍遥自在。

就在酒至半酣时，有人发现大印又被放回原处了。手下人又迫不及待地向裴度报告这一喜讯。裴度依然满不在乎，好像根本没有发生过丢印之事一般。那天晚上，宴饮十分畅快，直到尽兴方才罢宴，然后各自安然歇息。

而身边的人始终不能揣测裴中书为什么能如此成竹在胸，事后好久，裴度才向大家提到丢印当时的处置情况。他说："丢印的原由想必是管印的官吏私自拿去用了，恰巧又被你们发现了。

这时如果嚷嚷开来，偷印的人担心出事，惊慌之中必定会想到毁灭证据。如果他真的把印偷偷毁了，印又何从而找呢？而如今我们处之以缓，不表露出惊慌，这样也不会让偷印者感到惊慌，他就会在用过之后悄悄去放回原处，而大印也不愁不能失而复得，发生什么意外了。所以我就如此那般地做了。"

从人的心理上讲，遇到突然事件，每个人都难免产生一种惊慌的情绪。问题是怎样想办法控制。

楚汉相争的时候，有一次，刘邦和项羽在两军阵前对话，刘邦历数项羽的罪过。项羽大怒，命令暗中潜伏的几千弓弩手一齐向刘邦放箭，一支箭正好射中刘邦的胸口，伤势沉重，痛得他伏下身。主将受伤，必将群龙无首，若楚军乘人心浮动发起进攻，汉军必然全军溃败。猛然间，刘邦突然镇静起来，他巧施妙计：在马上用手按住自己的脚，大声喊道："碰巧被你们射中了！幸好伤在脚趾，没有重伤。"军士们听了，顿时稳定下来，终于抵住了楚军的进攻。

西晋时，河间王司马颙、成都王司马颖起兵讨伐洛阳的齐王司马同。司马同看到二王的兵马从东西两面夹攻京城，惊慌异常，赶紧召集文武群臣商议对策。

尚书令王戎说："现在二王大军有百万之众，来势凶猛，恐怕难以抵挡，不如暂时让出大权，以王的身份回到封地去，这是保全之计。"王戎的话刚说完，齐王的一个心腹怒气冲冲地吼道："身为尚书，理当共同诛伐，怎能让大王回到封地去呢？从汉魏以来，王侯返国，有几个能保全性命的？持这种主张的人就应该杀头！"

王戎一看大祸临头，突然说："老臣刚才服了点寒食散，现在药性发作，要上厕所。"说罢便急匆匆走到厕所，故意一脚跌了下去，弄得满身屎尿，臭不可闻。齐王和众臣看后都捂住鼻子大笑不止。王戎便借机溜掉，免去了一场大祸。

王戎因此而免于一死。此事无疑给后人以启示：遇事要沉着冷静，静中生计，以求万全。

激将办事法

激将法就是根据人的心理特点，使对方在某种情绪冲动和鼓动之下做出某种毅然的举止，从而达到给自己办事的目的。

俗话说："请将不如激将"，巧言激将，一定要根据不同的交谈对象，采用不同的激将方法，才能收到满意效果。激将法一般有以下几种形式。

1. 直激法

就是面对面直出直入地贬低对方，刺激他，羞辱他，激怒他，以达到使他"跳起来"的目的。

例如，某厂改革用人制度，决定对中层干部张榜招贤。榜贴出后，大家都看着能力技术俱佳的技术员小谭。然而，由于某种原因，小谭正在犹豫。一位老工人找到小谭，直言相激："小谭，你不是大学的高材生吗？大家都巴望着你出息呢！没想到，你连个车间主任的位子都不敢接，你真是个窝囊废！"

"我是窝囊废？"话音未落，小谭就跳了起来，说"我非干出个样儿不可！"他当场揭榜出任了车间主任。

2. 暗激法

暗激法就是有意识地褒扬第三者，暗中刺激对方，激发他压倒、超过第三者的决心。

如三国时，诸葛亮为了抗曹来到江东，他知道孙权是不甘居人之下的人，于是，大谈曹军兵多势大，说："曹军骑兵、步兵、水兵加在一起有一百多万呐！"

孙权大吃一惊，追问："这里有诈吗?"

诸葛亮一笔一笔算，最后，算出曹军拥有一百五十多万。他说："我只讲100万，是怕吓倒了江东的人呀!"这句话的刺激性可谓不小，使孙权急忙问道："那我是战，还是不战?"

诸葛亮见火候已到，说："如果东吴人力、物力能与曹操抗衡，那就战;如果您认为敌不过，那就降!"

孙权不服，反问："像您这样说，那刘豫州为什么不降呢?"

此话正中诸葛亮下怀，他进一步使用激将法说："田横不过是齐国一个壮士罢了，尚且能坚守气节，何况我们刘豫州是皇室后人，盖世英才，怎么能甘心投降，任人摆布呢?"

孙权的火立刻被激了起来，决心与曹军决一死战。

暗激法的巧妙，就在于它是通过"言外之意""旁敲侧击"的说法，委婉地传递刺激信息。人们都希望别人尊重自己，而有人在自己面前有意夸耀第三者，或者贬低与自己亲近的人，显然会对他起到一种暗示性刺激，从而迫使他在维护自尊的同时，为我们办事。

3. 导激法

激言有时不是简单的否定、贬低，而是"激中有导"，用明确的或诱导性语言，把对方的热情激起来。

例如，某校一个调皮学生，学习成绩很差。一次，他打了一位同学，还自夸是拳击能手。老师叫住他说："打架算什么英雄?有本事你跟他比学习。你期末考试如果赶上人家，那才是真正的英雄呢!"一句话激得这个调皮学生发愤学习，后来，他果然有了明显进步。

导激式还有一种方法，是以一种推己及人，将心比心的心理效应，激发对方作角色对换，设身处地同意他人的意见。例如：

一位女公关人员负责陪同一位澳门华侨公司女经理在上海参观游览，上司关照这位女公关人员，要设法回请款待一次女经理。结果，在参观游览城隍庙时，经过两家饭店，这位公关小姐向华侨女经理询问两次："夫人，您饿吗？"

华侨女经理客气地摇摇头，两次询问都未成功。后来，出了城隍庙，经过"老饭店"，公关小姐眼看女经理就要登车回宾馆就餐了，于是她换了一种说法："夫人，早上出来，怕您等我，我未及吃早饭，只吃了两三块饼干就来接您了，现在我倒饿了，请您陪我吃点好吗？"

华侨女经理听了，欣然点头。两人步入"老饭店"……

这位公关小姐的成功就在于运用导激式手法，产生了由己及彼，再由彼及己的有效反应。

使用"激将法"的好处在于，只是运用自己的一点口舌，既达到了办事目的，又不使自己损失什么。这种方法实在是高明。

软磨硬泡法

这种方法能以消极的形式争取积极的效果，可以表现出自己不达目的不罢休的决心和毅力，给对方施加压力，以自己顽强的态度、思想、感情，达到影响对方态度和改变对方态度的目的。

1. 功到自然成

许多事情是靠人"磨"出来的。有些情况下，只有多磨才能办成想办的事。

某建筑工地急需 60 吨沥青。采购员到物资部门请领，但负责此事的处长推说工作忙，要等两个月才能提货。采购员非常着急，他怎么能等两个月呢？

但他竭力控制自己的感情，思索解决问题的办法。他手头一无钱、二无物，给人家"进贡"是不可能的了。他决心和那位处长大人软缠硬磨。

从第二天起，他天天到处长办公室来，耐心地向处长恳求诉说，处长感到烦，不理睬他。处长不理，他就坐在一边等，一有机会就张口，面带微笑，彬彬有礼，不吵不闹，心平气和地恳求诉说。处长急不得，火不得，推不起，赶不跑。"泡"到第五天，处长就坐不住了，他长吁一声："唉，我算服了你了。照顾你这一次，提前批给你吧！"

不过磨也要讲究策略，应该像这位采购员一样彬彬有礼，笑容满面，摆事实讲道理。

磨，能显示真诚，能引起人们的注意，能感动人。磨，是积极主动地向对方解释，与对方沟通，不间断地软化对方的过程。因此必须是全身心投入，必须有百折不挠的精神。

磨，不是耍无赖，是一种静静的礼貌的等待，等待对方尽快给予答复。不要让对方感到你是故意找麻烦，故意影响他的工作和休息。要尽量通情达理，尽量减少对对方的干扰，这样，才能磨成功。

有些领导喜欢让人磨，不愿轻易同意任何事情。你磨他，使他的精神上得到一种满足，即权力欲得到满足。在这种情况下必须去磨，若怕麻烦，存有虚荣心反会被对方见笑，他会说："本来他再来一次我就同意了，可是他没来。"所以，磨是一个有效的办法，但却是一个"万不得已"的办法。

2. "泡"出对方的同情

有人形容求人之难，简直是"跑断腿，磨破嘴。"对于这一点，恐怕保险代理人的体会最深了。他们推销险种时，很可能遭到客户的拒绝，但过了一段时间之后，他又毫不气馁地再次来了。这时假若客户绝情地说："我们并没有购买的意思，你再来几次也是枉然，因此，我劝你不必再浪费口舌、白费气力了。"然而代理人却不在乎，仍抖擞精神，面带笑容回答说："不，请不必为我担心，说话跑腿，是我的工作职责，只要你能给我一点时间，听我解释，我就心满意足了。"客户看到他汗水淋淋，却还满脸笑容，就觉得再不买也过意不去了，于是就买了一点。

推销员的工作也一样，下雨下雪是推销员上门的好日子。外面下着雨，别人都躲在家里，而推销员站在门口，不能不使你产生同情心，因而难于拒绝。虽然我们都清楚地知道，这是推销员所采取的一种策略，但毕竟他这样做了，对此你能无动于衷吗？

这种推销方法就是巧妙地利用了人类的感情。客户看到这位推销员如此殷勤，心里会这样想："这位推销员若是多跑几处地方，也许他的产品早就推销完了，但是他却老来这里，他花了不少宝贵时间，再不买他的产品，就有点对不住人了。"这就是加重人们心理负担的一种推销方法。

新闻记者从事采访工作与求人毫无二致，为达到采访目的，他们有时需要在晚间和早晨行动。譬如：在发生某种重大事件时，新闻记者就事先打听到与此相关的人，等下班后、或者上班前去进行采访。因为这种时候，一般人都在休息，而新闻记者还在工作，就会使对方产生心理负担，不接受采访，心里就会过意不去。

在日常生活中，如能将这种方法加以运用，以达到办事目的的机会将会更多。

别人托你办事时怎么办

　　每个人在工作和生活上，难免都会有托人办事的时候，同样的，别人也会托你办事。高明的人会诚恳地把自己融入别人的生活，给予别人善意与帮助，同时也使自己快乐和充实。自私的人却无视这一点，只知道拼命而冷漠地从别人那里为自己索取和争夺什么。事实上，没有比帮别人办事更能表现一个人宽广的胸怀和慷慨的气度了。对一个失意的人说一句鼓励的话，扶起一个跌倒的人，给予一个沮丧的人一份真挚的祝福，你一点损失也没有，但对一个需要帮助的人来说，却是莫大的慷慨。

　　对于一个身陷困境的穷人，一点点钱便可以使他不饿肚子；对于一个执迷不悟的浪子，一次诚恳的交心便可能会使他建立起做人的尊严与自信……

　　所以不要吝于帮助他人。

1. 不吝伸出援手

　　当你正在潜心于某项工作，或正全心投入一份你所热衷的事业，或沉浸于你所赖以生存的一份工作时，却受到了来自朋友、亲戚、同学或同事的求助等份外事情的干扰，需要你分出时间、分出心思和精力去解决它。

　　如果你答应这些份外之事，势必影响你正在进行的工作，你也许会因此而感到不愉快、不甘心。但是如果拒绝了，你也会感到心理不安，还可能遇到意外的麻烦，譬如遭到别人对你的误解，受到无谓的攻击，受到周围人的冷淡，你同样会过得不舒服、不愉快。这时该怎么办呢？

　　同事、朋友求助等份外之事，也许只是暂时占去了你的时间，从长远看，实际上可能并不会对你造成任何损失。你在帮助别人时，你能够感觉到助人的快乐，因此其实对你没有什么划不来的；反倒是由于你帮助了别人，方便了别人，因而获得了良好的人际关系，这种美好的效应或许你一时无法明显地感觉到，但是如果你经常给人方便，常替别人分担解愁，帮助别人，日积月累，你将会结了许多善缘，这将与你当初因帮助别人而损失的一点时间完全无法相比。

2. 不要急着讨人情

　　生活中经常会见到这样的人，帮了别人一点忙，就觉得自己有恩于人，于是心怀优越感，高高在上，不可一世，这种态度是很危险的，常常会引发负面的效应。也就是帮了别人的忙，却无法增加自己人情账户的收入，就是因为这种骄傲得意的态度，把这笔账给抵销了。

　　所以，帮别人忙时应该注意下列事项：第一，不要使对方觉得接受你的帮助是一种负担；第二，要自自然然，也许在当时对方或许无法强烈的感受到，但是日子越久越体会出你对他的关心，能够做到这一步是最理想的；第三，帮别人忙时高高兴兴的，不要心不甘、情不愿的。

帮人办事别死撑

　　世界著名影星索菲娅·罗兰在自传《TCITGNT爱情》中，引用了卓别林的一段话："你必须克服一个缺点。如果你想成为一个生活异常美满的女人，你必须学会一件事，也许是生活中最重要的一课，必须学会说'不'。你不会说'不'，索菲娅，这是个严重缺点。我很难说出口，但我一旦学会说'不'，生活就变得好过多了。"卓别林是想告诫人们要树立一种严肃的、独立自主的生活态度。

　　生活中有不少人，认识不到"不"字的伟大，遇事优柔寡断，畏首畏尾，结果常使自己处于被动地位，听命于人。这些人心里都知道不要什么、不能怎样，和为什么不要、为什么不可能，可就是学不会说"不"，于是简单的"不"字，只在嗓眼里打滚，怎么也跳不出来，这真是人生的一大憾事。

　　当一些交情不错的朋友托我们办事时，我们为了保全自己的面子，或为给对方一个台阶，往往对对方提出的一些要求会不加分析地加以接受。但有许多事情并不是你想做就能办到的，有时会受限于条件、能力的制约而心有余力不足。因此，当朋友提出托你办事的要求时，你首先应考虑，这件事你是否有能力办好，如果办不好，你就应该老老实实地说，"我不行。"随意夸下海口或碍于情面都是于事无补的。

　　当然，拒绝别人的要求也的确是件不容易的事。因为每一个人都有自尊心，希望得到别人的重视，同时我们也不希望别人不愉快，因此，也就难以说出拒绝对方的话了。

对方请托你办事，你的答复是怎样呢？许多人都会采取拖的手法。"让我想想看，好吗？"这种话常常可以听见。

但有时候，许多人会做出不自觉的承诺，所谓"不自觉的承诺"，就是自己本来并未答允，但在别人看来你却承诺了。这种状况，起因于每一个人都有怕"难为情"的心理，拒绝是有些难为情的。

拿破仑说："我从不轻易承诺，因为承诺往往会变成不能自拔的错误。"大家都喜欢"言出必行"的人，很少有人会用宽宏的态度去谅解你无法履行某一件事。

专家建议我们："拒绝只需要在聆听别人陈述和请求完毕之后，轻轻摇摇头，态度无须激烈。"轻轻摇摇头，代表了否定，别人一看见你摇头，知道你已拒绝，接着你可以从容说出拒绝的理由，使别人接受你不能"遵办"的苦衷，自然也就不会对你记恨在心了。

有许多事情常是这样的，看来应该做，但做起来却有困难。例如你有一位好友从事人寿保险业务的工作，他来向你说了一大堆买人寿保险的好处，然后他请你向他购买一笔数目不小的保险。你也明知保险具有益处，但是后来当你仔细一想，如果照他的要求，你每月要付出的保险费以你目前收支状况根本无法负担，所以你还是应该直言拒绝对方。

有些人喜欢拖，不直接告诉对方自己无法帮忙，反而要对方跑好几次来听他的最后答复，这样不好。如此，你在别人眼里就成了一个伪君子。有时出于难为情，对于别人提出的请求不好意思一口回绝。这时你不妨按照以下方式去突破自己，勇敢地说"不"。

首先，先降低对方对你的期望。与你交涉的人，都是希望你能答应他的要求，或赞成他的观点。一般地说，对你抱有期望越高，越是难以拒绝。因此，在拒绝之前，倘若过分夸耀自己，就会在无意中抬高了对方的期望值，增大了拒绝的难度。如果适当地讲一讲自己的短处，就降低了对方的期望。在此基础上，抓住适当的机会多讲别人的长处，就能把对求助目标自然地转移过去。这样不仅可以达到拒绝的目的，而且使被拒绝者得到一个更好的归宿，由意外的成功所产生的愉快和欣慰心情，取代了原有的失望与烦恼。

其次，让对方明白你的处境。当一个人有事求别人帮忙时，有时会只希望别人能满足自己的要求，却往往不考虑给他人带来的麻烦和风险。如果能实事求是地讲清利害关系和可能产生的不良后果，把对方也拉进来，共同承担风险，即让对方设身处地去判断，这样会使提出要求的人望而止步，放弃自己的要求。例如，有个朋友想请长假外出，来找某医生开个肝炎的病历和报告单。对此作假行为医院早已多次明令禁止，一经查实要严肃处理。于是，该医生就婉转地把他的难处讲给朋友听，最后朋友说："我一时没想那么多，经你这么一说，我也觉得这个办法不可行。"

再者，态度一定要真诚。拒绝总是令人不快的。"委婉"的目的也无非是为了减轻双方、特别是对方的心理负担，并非玩弄"技巧"来捉弄对方。特别是上级、师长拒绝下级、晚辈的要求，不能盛气凌人，要以同情的态度，关切的口吻讲述理由，使之心服。在结束交谈时，要热情握手，热情相送，表示歉意。一次成功的拒绝，也可能为将来的重新握手、更深层次的交际播下希望的种子。

最后，要顾及对方的自尊。人都是有自尊心的，一个人有求予别人时，往往都带着惴惴不安的心理，如果一开始就说"不行"，势必会伤害对方的自尊心，使对方不安的心理急剧加速，失去平衡，引起强烈的反感，从而产生不良后果。因此，不宜一开口就说"不行"，应该尊重对方的愿望，先说关心、同情的话，然后再讲清实际情况，说明无法接受要求的理由。由于先说了那些让人听了产生共鸣的话，对方才能相信你所陈述的情况是真实的，相信你的拒绝是出于无奈，因而是可以理解的。

在拒绝别人时，不但要考虑到对方可能产生的反应，还要注意准确恰当地措辞。比如你拒聘某人时，如果悉数罗列他的缺点，会十分伤害他的自尊心。不妨可以先肯定他的优点，然后再指出缺点，说明不得不这样处置的理由，对方也许能更容易接受，甚至感激你。

第二章　厉害的人大多能说会道

　　与聪明人谈话，就要以表现得知识渊博为原则，与笨人说话，要以强辩，从气势上面压倒他们为原则；与能言善辩的人谈话，要以简明扼要为原则；与地位高贵的人谈话，要以鼓吹气势为原则；与富人谈话，要以高雅潇洒为原则；与穷人谈话，要以说明利害关系为原则；与地位卑微的人谈话，要以谦卑恭敬为原则；与勇敢的人谈话，要以果敢为原则；与上进心强的人谈话，要以锐意进取为原则。

成败都是"说"出来的

我们的很多前辈不大重视甚至不大喜欢"能说会道"的人，那些很健谈的人，常常被冠之以"夸夸其谈"的帽子。如果一个人被公认为"夸夸其谈"，那就不怎么讨人喜欢；如果被公认为善于为自己辩护，那就没有多少人愿与之交往。相反，如果一个人沉默寡言，不苟言笑，这个人往往会受到赞赏。这个传统的评价标准，依然在今天的青年身上打下了深深的烙印。常常听到有人说："我这个人，笨嘴笨舌，不会说话。"似乎这并不是什么缺点。显然，这是相当陈旧的一种见解。

即使在古代，夸夸其谈者遭人轻视，却也出现了许多雄辩家，正是那些带着自己观点，游走于各国之间的思想家们不知疲倦的游说、演讲，才有了我国古代思想文化的百家争鸣。"子非鱼，安知鱼之乐""子非我，安知我不知鱼之乐"……祖先充满智慧的辩论至今让我们津津乐道，辩论的口才更让我们佩服。

戴尔卡耐基说："一个人的成功，有15%取决于技术知识，另85%则取决于他的口才。"在当今时代，愈来愈多的人意识到口才的重要性，对于任何一个人来说，口才都是一种不可或缺的能力、一种未来成功的资本。放眼政坛或商界的风云人物，无人不是能言善辩的高手。

事实上，古今中外，凡是在职场上能左右逢源、逢凶化吉、办事顺畅的人都是拥有好口才的人。拥有好口才，无异于就拥有了胜人一筹的法宝。

古代有一位国王，一天晚上做了一个梦，梦见自己满嘴的牙都掉了。于是，他就找了两位解梦的人。国王问他们："为什么我会梦见自己满口的牙全掉了呢?"第一个解梦的人就说："皇上，梦的意思是，在你所有的亲属都死去以后，你才能死，一个都不剩。"皇上一听，龙颜大怒，杖打了他一百大棍。第二个解梦人说："至高无上的皇上，梦的意思是，您将是您所有亲属当中最长寿的一位呀!"皇上听了很高兴，便拿出了一百枚金币，赏给了第二位解梦的人。

同样的事情，同样的内容，为什么一个会挨打，另一个却受到嘉奖呢?因为挨打的人不会说话，受奖的人会说话。没有口才的人，有如发不出声音的留声机，虽然是在那时转动，却不使人感到兴趣，当今的社会是一个繁忙的社会，具有口才的人，必然是社会中的活跃人物，口才是一种技术，也是一种艺术。能干的大企业家，定要具备这样的技术，律师、教师、演员、推销员等等，都是侧重于口才的。总之，一个人的说话能力可以代表他的力量，口才好的人往往容易取得事业的成功。

能说会道并非天生

在生活中，我们总能看到一些人非常有口才。其实，说话的天才，并不是天生的，而是从现实中锻炼出来的。没有哪种活动是不必开口说话的，商业、社交、政治甚至社区工作无不需要口才。练习的机会越多，改进的机会也就越多，到处都是练习谈话的题材和对象。只有不停地练习，你才能知道自己可以进步到何种程度。

许多擅长说话的人，最初大都是拙嘴笨舌的人。

著名的演说家和心理学家爱德华·威格恩先生曾经非常害怕当众说话或演讲。他读中学时，一想到要起立做 5 分钟的演讲，就惊悸万分。每当演讲的日子来临时，他就会生病，只要一想到那可怕的事情，血就直冲脑门，脸颊发烧。读大学时情况依然没有得到改变，有一回，他小心地背诵一篇演讲词的开头，而当面对听众时，脑袋里却"轰"地一下，不知身在何处了。他勉强挤出开场白："亚当斯与杰克逊已经过世……"就再也说不出一句话，然后便鞠躬……在如雷的掌声中沉重地走回座位。校长站起来说："爱德华，我们听到这则悲伤的消息真是震惊，不过现在我们会尽量节哀的。"接着，是哄堂大笑。当时，他真想以死解脱。后来，他诚恳地说："活在这个世界上，我最不敢期望做到的，便是当个大众演说家。"

同样如此，像林肯、田中角荣等世界著名演说家的第一次演讲都是以失败告终的。那么，他们为何会在如此薄弱的基础上获得了令人惊奇和引人瞩目的成功呢？也许每个人都会产生这样的疑问，每个人也都有过这样的梦想，希望自己有朝一日能像他们一样口若悬河，娓娓而谈，令人折服。其实，答案很简单，只要勇敢地面对现实，大胆地面对挑战，刻苦勤奋、坚持不懈地努力练习，完全可以拥有出色的口才，实现自己的梦想。

狄里斯在西欧被称为"历史性的雄辩家"。但他的雄辩并不是天生的才能，也是后天练就出来的。

据说，他天生嗓音低沉，且呼吸短促，口齿不清，旁人经常听不到他在说些什么。当时，在狄里斯的祖国雅典，政治纠纷严重，因此，能言善辩的人格外引人注目，备受重视。尽管狄里斯知识渊博，思想深邃，十分擅长分析事理，能预见时代潮流和历史发展趋势。但是当他作了一番周密细致的思考，准备好了精彩的演讲内容，第一次走上演讲台，就不幸遭到了惨痛的失败，原因就在于他嗓音低沉、肺活量不足、口齿不清，以至于听众无法听清楚他所言何事、何物。但是，狄里斯并不灰心，他反而比过去更努力地训练自己的说话能力。他每天跑到海边去，对着浪花拍击的岩石放声呐喊；回到家中，又对着镜子观察自己说话的口型，做发声练习，坚持不懈。狄里斯如此努力了好几年，终于功夫不负有心人，再度上台演说时，他博得了众人的喝彩与热烈的掌声，并一举成名。

由此可见，只有刻苦勤奋、坚持不懈地努力练习，才会获得令人惊奇和瞩目的成功。因此，我们不应该放过任何一次当众练习讲话的机会。

我们要珍惜每一次练习说话的机会，当我们参加某一个团体、组织，或出席聚会时，不要只袖手旁观，而要勤奋地进行口才练习。比如，主动协助他人处理一些工作，尤其是一些需要到处求人的工作。设法做各类活动的主持人，这样，你就有机会接触那些口才好的人,可以向他们学习说话的技巧,自然而然,你也就可以担负一些发表言论的任务。

即使读遍所有关于口才的书籍,如果不寻找机会开口练习,依然不会有口才上的出色表现。实践是必需的,当你勇敢地踏出第一步,后面要比你想象的轻松得多,不实践,你就会把困难想象得无限地扩大下去。因此,如果你想要成为一个能言善辩的高手,不要错过生活给你提供的任何一次练习的机会。

克服人类的第一恐惧

1977 年，一本名为《列表之书》的图书畅销全美。其中，有一章的标题是《人类的 14 种恐惧》。你知道排在第一的恐惧是什么吗？不是死亡（死亡排名第七），不是蛇虫虎豹，居然是"在一群人面前讲话"！

在一群人面前讲话真有这么恐怖吗？在一次聚会中，小袁对小高聊起了他对奥运会前后房地产与股票行情的走势预测，说得很有见地。聊着聊着，同桌那些人逐渐都被其话语所吸引，都不再说话，安静地听着小袁一个人"演讲"。小袁开始没发觉时还能侃侃而谈，突然当他发现一桌人都在听他说话时，一下子就乱了方寸，说话也开始结巴，言辞也没有了原先的水准……本来能言善辩，但一到台上面对众人，或成为一群人关注的中心，语言表达能力就迅速下降。这是不少人身上的常态，相信类似的经历，在不少读者中有过，并且有些人还在延续着类似的故事。

如何克服"人类的第一恐惧"呢？最近，某电视台的主持人告诉观众，其实在上大学前，他是一个不敢当众说话也不善说话的人，他成为主持人，除了苦练普通话外，还迈过了三个坎。让我们来看看他究竟迈过的是哪三个坎？

1. 说话紧张的坎

有些人在众人面前说话时，表情十分不自然，除了容易怯场之外，还常常说出几句自己也没想到的不合适的话或词汇，这令他们自己也大为吃惊。其实，导致这种现象出现的原因主要是缺乏心理准备和实际训练，通过下列训练法完全可以克服。

第一，努力使自己放松。说话紧张的人大都是想要说话时呼吸紊乱，氧气的吸入量减少，头脑一时陷于痴呆状态，从而不能按照所想的词语说出来。

在某种意义上说，"呼吸"和"气息"是一个意思，因而调整呼吸就是"使气息安静下来"。

说话时发生不正常情况通常是这样的顺序：怯场——呼吸紊乱——头脑反应迟钝——说支离破碎的话。因此调整呼吸会使这些情况恢复正常。

说话时全身处于松弛状态，静静地进行深呼吸，在吐气时稍微加进一点力气。这样一来，心就踏实了。此外，笑对于缓和全身的紧张状态有很好的作用。微笑能调整呼吸，还能使头脑的反应灵活，话语集中。

第二，练习一些好的话题。在平时应酬中，我们可以随时注意观察人们的话题，哪些吸引人而哪些不吸引人？为什么？原因是什么？自己开口时，便自觉地练习讲一些能引起别人兴趣的事情，同时避免引起不良效果的话题。

第三，训练回避不好的话题。哪些话题应该避免呢？从你自身来说，首先应该避免你不完全了解的事情。一知半解、似懂非懂、糊里糊涂地说一遍，不仅不会给别人带来什么益处，反而给人留下虚浮的坏印象。若有人就这些对你发起提问而你又回答不出，则更为难堪。其次是要避免你不感兴趣的话题，试想连你对自己所谈的话题都不感兴趣，怎么能期望对方随你的话题而兴奋起来呢？如果强打精神故作昂扬，只能是自受疲累之苦，别人还可能看出你的不真诚。

第四，训练丰富话题内容。有了话题，还得有言谈下去的内容。内容来自于生活，来自于你对生活的观察和感受。我们往往可以从一个人的言谈看出他丰富的内涵及对生活的炽烈感情。这样的人总是对周围的许多人和事物充满热情，很难想象一个冷漠而毫无情致的人会兴致勃勃地与你谈街上正流行的一种长裙。

第五，训练语言方式。词意是否委曲婉转？话题是否恰到好处？言谈是否中肯？是否把握要领？口齿是否清晰明白？说话是否不犯唠叨琐碎的毛病？说话音量大小适度？说话速度不急不缓？话中是否不带口头禅？说话是否简洁有力？措辞是否恰如其分、不卑不亢？话中带多余的连接词？说话是否真实具体？是否能充分表达说话目的？言谈时是否能设身处地为对方着想？说话是否心无旁骛、专心一致？话中是否含有自我吹嘘成分？是否自个滔滔不绝地说个不停？是否出口伤人？是否能真诚地与人寒暄客套？说话是否能参酌量情？是否能掌握说话技巧？是否能巧妙掌握说话契机？是否能专心一意地听人说话？

虽然，我们在和人应酬交谈当中，不可能时时都能使对方感到既愉快又有趣，但是训练有素的谈话方法的确能帮你赢得社交中给人留下的好印象。在公共场合与人交谈是一种社会行为，像其他社会行为一样，谈话也有一定的规矩，要做个谈话高手，都应该遵从。与人谈话，哪些可说，哪些不可说，也都有很多讲究。

关于这些，我们将其归纳为以下几项：不谈对方深以为憾的缺点和弱点；不谈上司、同事以及一些朋友们的坏话；不谈别人的秘密；不谈不景气、手头紧之类的话；不谈一些荒诞离奇、黄色淫秽的事情；不询问妇女的年龄、婚否、家庭财产等事情；不诉个人恩怨和牢骚；不述一些尚未明辨的隐衷是非；避开令人不愉快的疾病详情；忌夸自己的成就和得意之处。

2. 羞怯怕丑的坎

一说话就脸红、一笑就捂嘴、一出门就低头，这是那些天性羞怯者的共同表现。虽然屡下决心总是不能大见成效，怎么办呢？这里有一张专治羞怯心理的社交处方，可作参考。

想象自己是完美的化身。这是许多名模、影星在表演之前惯用的技巧，这也同样适用于工作职场，面对大客户或提案前，先静坐，心中默想曾有的愉悦感受，回想曾经聆听的悠扬乐章，愈具体效果愈好。以拥有者的态度走入每间屋子。昂首阔步，抬头挺胸，仿佛一切都在你的掌握之中。学习你所仰慕的人所有的美好特质，只要她（他）具备你所希望拥有的特质，都无妨模仿。

大胆表现自我，把自信心视为肌肉，需要定时持之以恒地锻炼，如果稍有懈怠，它很快会松弛。改善外表，换一套干净的衣服，去理发店吹个发型，这些办法会使你觉得焕然一新，因而增强自信。

进行想象练习。想象自己正处在最感羞怯的场合，然后设想自己该如何应付。这样在脑海里把自己害怕的场合先练习一下，有助于临场表现。

逐渐接近目标，可以减少焦虑。掌握害怕的根源和知道害怕时会有的生理反应，如冒冷汗或呼吸急促，当它们出现时你就可以通过一些放松的小技巧克服它。说话时语气要坚定。没有自信的人都有说话过于急促、细声细气的毛病。说话的诀窍在于音量适中、语调平稳，速度不缓不急，此举显示你对说话的内容信心十足，利用呼吸换气时断句，内容则显得流畅有条理，切忌以疑问句结束陈述事实的语句，以免影响语气的坚定。

专心倾听别人的讲话，例如在轮到你讲话之前，先专心听别人怎么讲。一来可以分心，不再一心挂念自己；二是当你讲话时，别人也会专心听你的。

多提"问答题"少提"是非题"，可以使你处于主宰的地位。技巧多加演练，如要出席一个舞会，就在事前先练习一下当前流行的舞步，可以减少到时出现的尴尬。

要避免不利的字眼，如与其自己对自己说"我感到很紧张"，不如说"我感到很兴奋"。

确信一个事实，其实在别人的心目中，你并不像你想象的那样害羞。设法避免紧张时的动作，例如你演讲时手会发抖，就把讲演稿放在讲台上。

事情做好了，不忘自己庆祝一番，这样有助于增加自信。

平常要多多参与，不要拘泥，多参加活动，多与人接触，对克服羞怯心理很有帮助。确信自己一定会成功，摒弃一切不利的想法。要知道，人无完人，不要因为自己的弱点而自怨自艾。

3. 自卑的坎

除了因为害羞、胆怯不敢说话以外，还有一些人是因为自卑而不敢说话。

所谓自卑，是指一个人对自己严重缺乏自信，认为自己无法胜任自身角色的一种异常心理。生活中，常有这么一些人，他们习惯于拿自己的短处与别人的长处相比，越比越觉得不如别人，越比越泄气，导致消极的自我评价，形成自卑心理；还有一些生性敏感的人总认为别人瞧不起自己，所以办事畏缩、回避交往、害怕交往、同样也形成自卑心理；更有一些人因为在与他人交往的过程中遭受过挫折，以致自卑，在众人面前不敢说话。总之，自卑心理产生的原因是多方面的。从主观上说，自卑心理是由于后天长期对自我的不当评价而逐渐形成的。从客观上说，自卑心理是因为个人的某些生理缺陷或者长期遭受失败体验而造成的。

一个人说话的时候自卑可以分为以下四种情况：

第一，在别人说话优势面前的自卑。在我们的生活中，常常见到这样一些人，他们口齿伶俐，说起话来抑扬顿挫、生动形象……在这些强势的说话者面前，那些内心有自卑感的人往往会觉得很有压力。他们可能会想：我说话不流利，声音也不好听，如果我发言了，一定会被其旁人笑话的，还是不说为好，免得丢人现眼。这样，他在心理上被别人的说话优势"吓"倒了，因此变得越来越不爱说话。

第二，在别人独到见解面前自卑。比如，在学校课堂上，那些口齿伶俐、有个人独到见解的学生总是备受老师的青睐、同学的羡慕。听他们发言，对整个课堂来说无疑是起到了点睛的作用。正因为如此，老师们总是喜欢请这些"优生"发言，冷落了那些原本就不善言辞的孩子。而那些"不爱"说话的孩子，也有"自知之明"，他们总觉得别人说得那么好，自己比不上人家，还是保持沉默的好。久而久之，他们失去了"发言权"，变得愈加自卑、不爱说话了。

第三，在别人的心理优势面前自卑。说话，从某种意义上来说并不是简单地用嘴表达，更有个人的思维、心理活动参与其中。说话能力、思维状况是稳定因素，心理活动则是变化因素。因此，一个人的心理活动常常影响到他的说话水平。面对不同的说话对象和说话关系，心理常会出现微妙变化。比如，小黄在平时和自己的同事说话聊天总是妙语连珠、气畅语酣。但一有领导参与其间，他就觉得对方说话水平就是高自己一筹。所以自己还没开口说话，在心里已经泄了气。

第四，因以往的说话失败的经历而自卑。有的人可能有过一些说话失败的经历，以致留下心理阴影。比如，在单位发言的时候，因为结结巴巴、漏洞百出，遭到了同事们的耻笑……那以后，每每自己准备表达的时候，就会不自觉地想到了失败经历，于是，索性不说了。

总之，每一个说话自卑、不敢当众发言的人，都有过一些特殊的经历。要想纠正自卑的心理，应做到以下几点：

第一，多看到自己的优点，忽视自己的缺点。正所谓"尺有所短，寸有所长"，每个人都有自己的优势。只要能不断地看到自己的长处，发现自己的闪光点，就能变得越来越自信，从而敢于大声说话和大胆、积极地展示自己。

小钰是个自卑的孩子，在同学面前说话时，她的声音小得像蚊子叫。有一天，老师不耐烦了，就呵斥小钰："你就不能大点声说话吗？你想想蚊子的叫声我们听起来能喜欢吗？"一时间，班上的小朋友哄堂大笑起来，还有一些孩子恶作剧地冲着小钰喊："蚊子，蚊子，说话嗡嗡嗡的蚊子！"小钰可怜兮兮地站在讲台前，着急地哭了起来。后来，小钰索性不说话了，有什么问题就只是点头、摇头的，这让爸爸妈妈很是着急。最后，小钰的爸爸妈妈不得不带着小钰去请教心理医生。面对这种情况，心理医生告诉小钰的爸爸妈妈，多赞美孩子，告诉孩子她的优点，这样，孩子就能慢慢地找回自信。在心理医生与爸爸妈妈的努力下，果不其然，小钰慢慢地恢复了自信，变得开朗起来了，说话也变得大声了。

第二，看清楚别人和自己的优势。一个人说话的时候自卑，从本质上说是对别人评估过高引起的。过高地评价了对方，从而看轻了自己，产生距离意识和崇拜意念，此时既卑且怯，也就自

　　然而然了。如果能够加强对别人的认识，把对方看作是一个平常人或自己身边的好朋友，这样就会减少自卑感了。

　　第三，每次说话打退堂鼓的时候，都要鼓励自己再坚持三秒钟。在别人出色的表现面前打退堂鼓草草收场，不仅让自己尴尬，还会给以后的说话带来恶性循环。这个时候，只要坚持下去，哪怕说得不好，自卑心理都会得到有效的克服。

最有效的沟通是谈心

谈心不是闲聊，有明确的想要达到的结果。比如两人之间有看法，互不服气，以至于影响到工作上的合作。谈心之前要明确目的，为的是让对方更多地了解自己，摒弃前嫌，携手共进。

1. 智慧开场白

谈心开始时见面的第一句话，是需要先构思好。这时，可以让表情来代替，一个真诚自然的微笑，表明你与对方谈心的态度是诚实的。首先，在情感上就给对方以很大影响，然后再来上一两句寒暄话，进一步表明你的友好态度和诚意。这样的"开场白"有利于气氛的缓和，有利于谈话的继续进行。

开场白过后，应很快地切入主题，譬如消除某个误会，说明某种情况等。因为这时双方的关系只是表面的礼节性的和缓，若过多地拉扯其他的内容，会引起对方的反感，同时也会暴露你的弱点。直接切入正题，让双方就一个问题展开对话，进行沟通，尽快消除分歧，澄清误会，说明情况，以便达成共识。

2. 拿出诚意来

谈心是要向交谈对象阐明自己的某种观点或见解，而不是加剧矛盾。因此要以诚恳之心选用中性的，不带有强烈刺激性的词语，减少对方的反感和受刺激的心理效应，让这样的话语可传达出你希望解释前嫌的诚意。

在整个谈心过程中，对个性极强、难以理喻的谈心对象，要把握其特点，除了使用能阐明观点的话语外，更要以情动人，多使用具有情感交流作用的词语来舒缓气氛，沟通心灵，理顺情绪。如有两位老同志，许多年前因工作造成分歧，相互不理睬。其中一位多次上门希望化解，但对方态度强硬，拒不接受。这次他又去了，说了这样的话："我今年55岁了，你比我大，该是58岁了吧？咱们都是过了大半辈子的人了，还有多少年好活呢？我真不希望咱们到另一个世界还是对头。"从人生无多这个老年人易动情的话入手，使对方产生情感共鸣，终于消除了多年的隔阂。

3. 语气、声调和节奏把握有度

谈心时，语气要和缓、委婉，不能声色俱厉，咄咄逼人。和缓委婉的语气能冲淡对方的敌对心理，能给对方一种信任感、诚实感，不至于造成双方心理上的敌对防御，不至于激化矛盾。语气往往体现在说话的表述方式上，追问、反问、否定往往使语气显得生硬、激烈，易引起对方反感；而回顾、商榷、引导、模糊等语气，往往能制造平和融洽的谈话气氛，有利于减轻双方的压力，阐明事实、表明观点。

声调在谈心的效果上电有重要作用。当一个人心存怒气时，说话的声调无疑会上扬，形成一种尖刻的没有耐心的高声调。这种调子有很强的传染性，会使对方马上也像受传染一样针锋相对，厉声对厉声，尖刻对尖刻，只会使事态扩大，矛盾加深。

语言的节奏有快有慢，有缓有急。使用快节奏讲话往往会使你显得心急，情绪不稳，易激动发火，这不利于交谈对方的思考和应对，显得你没有诚意；节奏太迟太缓，显得缺乏生气，没有信心，影响谈话效果；交谈语言节奏适度，方显自然、自信、有力，易于从心理上影响对方，产生良好的心理效应。

话不在多，到位就行

人们常问，如何才能更好地表达出自己真实的思想和感情呢？

如果我们留心那些口才大师，就会发现他们都喜欢而且善于运用简洁明了的语言。语言的精髓，在精而不在多。口才最差的人，往往可能就是那些喋喋不休的人，说了一大堆，也没有说出主旨，还认为自己很棒。事实上，要真正地将自己的话说得让人明白，就必须让自己的语言简练，要能在最短的时间内让对方明白你所说的意思。

林肯曾说：在一场官司的辩论过程中，如果第七点议题是关键所在，我宁愿让对方在前六点占上风，而我在最后的第七点获胜。这一点正是我经常打赢官司的主要原因。这里让我们一起看一下林肯是怎样用他的办法打赢一场著名官司的。

在那个官司审判的最后一天，对方律师整整花了两个小时来总结此案。林肯本来可以针对他所提出的论点加以驳斥，但他并未那样做，而是将论点集中到了关键点上，总共花了不到一分钟的时间。最后，林肯赢得了这场官司。

无论我们平时和什么样的人说话，都要让对方在最短时间内明白自己的意思，要让对方被自己说服，就必须找出问题的关键点。这也叫作"抓住一点，不及其余"。"言不在多，达意则灵"讲话简练有力，便能使人兴味不减。有理不在话多。对于那些高超口才的人，除非万不得已，否则尽量不会与别人地周旋绕圈，而是抓住关键，简明干脆地将自己的意思传递出去。

法拉第为了证实"磁能产生电",在大厅里对着许多宾客表演，只见他转动摇柄，铜盘在磁极间不断地旋转，电流表指针渐渐偏离零位。客人们赞不绝口，只有一位贵妇人不以为意。

贵妇人问："先生，这玩意儿有什么用？"

法拉第回应："夫人，新生的婴儿又有什么用呢？"

人群中爆发出一阵喝彩声。

针对贵妇人取笑式的问话，法拉第来了一个反问。

清代画家郑板桥有诗云："削繁去沉留清瘦，画到生时是熟时。"当今语言大师们认为：言不在多，达意就行。可见，用最少的字句包含尽量多的内容，是讲话时最基本的要求。滔滔不绝、出口成章是一种"水平"，而善于概括、词约旨丰、一语中的同样是一种"水平"，而且更为难得。

父子二人经过五星级饭店门口，看到一辆十分豪华的进口轿车。

儿子不屑地对他的父亲说："坐这种车的人，肚子里一定没有学问！"

父亲则轻描淡写地回答："说这种话的人，口袋里一定没有钱！"

对于儿子的肤浅与偏激，父亲没有简单粗暴地训斥，也没有长篇大论地教育。一句脱口而出、简洁平实的回答，足以让儿子回味无穷。

周勃是西汉的开国功臣。在吕后乱政时，他曾经帮助汉室铲除吕后的势力，迎立汉文帝，可谓功勋卓著。可后来他罢相回到自己的封地后，一些素来忌恨周勃的奸伪小人便趁机向汉文帝诬告周勃图谋造反。

汉文帝竟然也相信起来，急忙下令廷尉将周勃逮捕下狱，追查治罪。按汉代当时的法律，凡是图谋造反者，不但本人要处死，而且要灭家诛族。就在周勃大祸临头的时候，薄太后出来劝文帝说："皇上，周勃要谋反，何必等现在，在您未登基之时，先皇留给你的玉玺都在他手上，那时他还手握重兵，要反早就反了。但是他一心忠于汉室，帮助汉室消灭了企图篡权的吕氏势力，把玉玺交给陛下。现在他已被罢相，回到了自己的封地里居住，怎么反而会在这个时候想起谋反呢？"

汉文帝一听这话，对呀！有道理呀！于是所有的疑虑都没了，并立即下令赦免了周勃。

薄太后的话可谓拨云见日、一箭中的。试想，假设她东拉西扯地找来论据来为"苦主"周勃辩白，固然可以找来很多，但多不如精。太多的论据说来说去都没有让人信服的一条，别人听了会厌烦。就算其中有那么一条两条有说服力的，也容易淹没在论据的海洋之中，还不如只挑最有说服力的说，反而更加令人信服。

嘴巴长在你的身上，喋喋不休废话一筐最不可取，滔滔不绝言之有物才能令人钦佩。而有的人，在适当的场合，把自己的意思恰当地浓缩成一句话，拨云见日、一语中的，让人如梦初醒、拍手叫好。

借别人之口说自己话

汉献帝十三年，枭雄曹操大军压境，剑指蜀汉。诸葛亮奉刘备之命，去游说东吴联手抗曹。

诸葛亮并不了解周瑜的个性与为人，也不了解周瑜对抵抗曹军的态度，于是决定透过鲁肃探寻一番。

这一天，诸葛亮在鲁肃的陪同下去见周瑜。周瑜听完鲁肃的军情报告后，顺口说了句："应该向曹操投降。"周瑜之所以这样说，是想看看诸葛亮的反应，摸清孔明的意图。

诸葛亮明知周瑜说的是假话，但不点破。他只是微微一笑，说："将军所言极是！"之后，他又装作很诧异的样子，说："主战派的鲁肃将军，竟然不理解天下大势。"

就这样，诸葛亮借鲁肃的口，把自己心里要说的话说了出来，以此来探周瑜的口风。

明明是自己想说，但怕说出来遭到对方反对，或被对方抓住把柄，便"揪"来一个人，"借"他的口说自己的话。这样，给双方的交流留下了一个缓冲地带，使自己可进可退，游刃有余。

有时，我们有一些观点想亮出来，但因为不清楚对方的反应，怕这个观点给自己带来麻烦。在这种情况下，我们不妨将观点假借他人之口亮出来，看看对方听了之后是如何反应，再确定自己的应对之策。

"借口"有个好处，就是"诡文而谲谏"，明明是你想说的，你却说是别人这么说。听话的人如果不同意，也不会搞得两人难堪。

　　"借口"还可以借"公正第三者"的口说话。例如你丈夫邀人来家打麻将，你自己不抱怨，只淡淡地说："楼下的人都说咱家成了麻将馆了。"

　　总之，借人家的口来说自己的话，好处自己得，坏处给了别人。只是，在施用这个技巧时，不要造谣生事、搬弄是非：明明张三根本没说过，你"诬蔑"是他说的；或者张三说过，但你在借用时可能会引起你对面的人的极大反感，为张三带来不良的后果。其实，你纵是想无中生有地说，或别人的确说了但不宜直接说出是谁说的时，完全可以用模糊"说话人"方式来"借"。比如："我听有人说您要将店铺转让？"对方若是真的有心转让，怕也不会追问到底是谁说的，而若一味追问，你也大可打个哈哈，一句"我不太记得了，或许是我听错了"就轻松打发。如果不甘心，再问一句："那么看来没有这回事了？"这话既达到目的，又说得圆滑，讲得体面。

悄悄地在嘴上涂点蜜

赞美之言，犹如阳光普照万物，身处其中的人熠熠生辉；赞美之言，犹如一张甜蜜的罗网，身处网中的人心甘情愿被俘虏。所以，你若能巧妙得体地夸赞他人，定能俘获他人的心。

在百老汇有一位喜剧演员，打拼了很多年，也没有成就多大的名气。他做梦都想成名，这样，他的演出费就会高很多，也不必住在逼仄的房子里了。

有一天晚上，他做了个梦：梦见自己成名了，一个星期能挣十万美元。在梦中，他站在一个大剧院的舞台上，给坐满剧院的观众表演喜剧。他表演得很卖力，但整个表演过程中他听不到一丝笑声，谢幕时全场也没有一个人鼓掌。

"即使一个星期能赚上十万美元，"他说，"这种生活也如同下地狱一般。"

说完后，这个演员就醒来了。

没有肯定与赞扬的演员，赚再高的演出费也如同下地狱。在人生的舞台上，如果没有赞扬、掌声的鼓励，我们的生活也会如同地狱。

你需要赞美，别人亦然。赞美他人是一种美德。

赞美不是光是拣好的说那么简单，首先要求符合最基本的事实。我的几笔字本来就是"鬼画桃符"，你偏偏要"赞美"我"龙飞凤舞"……很显然，这种完全背离事实的赞美，根本取不到正面的效果，相反还会起到负面的效果。

在符合基本事实的基础上，我们要提高赞美本领就需要学会独辟蹊径。人云亦云的赞美虽然也是赞美，但也最多是聊胜于无的赞美而已。想做赞美高手就要努力去发现、挖掘别人所看不到的地方下手。你要是赞美袁隆平的对于水稻培育、甚至对于人类做出了多么大的贡献，虽然说的是事实，但他一定不会怎么在乎。因为这一块早就被众多高官、媒体以及千万张嘴赞过了，早就结了厚厚的茧子，你的这一下搔过去，铁定没有任何感觉。口才高手的赞美就会不同，会发掘他不为大众所知的一面来赞美，夸他摩托车技术好，赞他饭菜做得好。这样效果一定会好很多。爱因斯坦就这样说过，别人赞美他思维能力强，有创新精神，他一点都不激动，作为大科学家，他也听腻了这样的话，但如果赞美他的小提琴拉得不错，他一定会兴高采烈。巧的是，袁隆平也爱好拉小提琴，并且技术也不错，在公开场合有过即兴表演，或许从这个角度来赞美，也不是会有不错的效果的。

不要相信有不喜欢"奉承话"的人，而疏于对某些人的赞美。曾国藩这个人相信大家都有点了解，这人是个刚强坚毅的狠角色，同时饱读诗书，又是一个不折不扣的道学家，为人有点古板固执，善于识人相人。这样的人，是软硬都不吃只认死理的人。曾国藩对于别人的奉承非常不屑，别人要想通过美言来讨好他以获得重用几乎不可能。但他也有过被灌"迷糊汤"的时候。

有一次，曾国藩与几个幕僚闲谈，讨论"谁是当今英雄"的话题。曾国藩说："彭玉麟与李鸿章均为大才之人，我曾某有所不及。"一幕僚说："您与他们二位各有所长，彭公威猛，人不敢欺；李公精明，人不能欺。"说到这儿，他打住了话头。曾国藩好奇地问："难道你们认为我好欺？"众人沉默，突然一个后生走出来说："曾帅仁德，人不忍欺。"众人闻之，皆拍手称此言甚是，曾也很满意，对后生说："你乃大才，不可埋没。"不久，那后生被曾任命为盐都运使。

"曾帅仁德，人不忍欺。"——这话不露痕迹地直入曾国藩的内心深处，将其心中的块垒熨得服服帖帖。本来，饱读圣贤书的曾国藩一心想做一个儒雅的仁者，但长期的征战生涯里搏来却是"曾剃头"式的冷血头衔。曾国藩心理当然郁闷，这句因"欺"而来的赞誉之语，当然令曾帅大为受用，可谓"挠到了痒处"。而且，在境界上，"不忍欺"显然要比"不敢欺"和"不能欺"高出不少。

赞美应该贯彻到我们的日常生活之中，使其成为我们的一种习惯。我们在每天所到之处，不妨多说几句肯定别人的话、赞美别人的话，播下一些友善的种子。看到朋友买了一件新衣，不要忽视。称赞一下穿上去很合身、很精神、很漂亮或者很酷。也可以打听一下价钱，"遇货添钱"的传统赞美手法，永远都不会过时。

不要说别人身上没有值得赞美的地方。世上没有完美的好人，同样也没有万恶的坏人。只要你愿意，您总是能够在别人身上找到某些值得称道的东西，也总是可能发现某些需要指责的东西，这取决于你寻找的是什么。任何事物都有两面性，明白了这个道理，你就能从别人身上所谓的缺点找到值得赞美的闪光点——

对热衷斗嘴的人，可以说："你说话很有逻辑。"

碰到喜欢啰嗦的人："你很细心！"

面对敏感的人："你有艺术气质。"

对于顽固的人，你可以说："你很好，是一个有信念的人。"

对女性，胖的可说"丰满"，瘦的可说"清秀"，身段好的可说"苗条"，多言好动的可说"活泼开朗"，沉默寡言的可说

"文静庄重"等。

　　对男性，高大的可说"魁梧"，瘦小的可说"精悍"，讲究仪容的可称"帅"，比较随便可以说"潇洒"，性格内向可说"稳重"，比较冲动的可说"果断"。

做一个富有幽默感的人

口才再好，若是没有幽默感，就好比一个园林里楼亭阁榭，有山有水，有草有木，就是没有花。没有花的园林，布局再合理，也少了些灵气与生动；没有幽默的口才，说话再雄辩，同样也少了些灵气与生动。

马克·吐温曾经说："让我们努力生活，多给别人一些欢乐。这样，我们死的时候，连殡仪馆的人都会感到惋惜。"无疑，马克·吐温的话既有幽默感，又富有哲理。

有人说，笑是两人之间最短的距离。会心一笑，可以拆除心与心之间的戒备；超然一笑，可以化解人与人之间的隔膜；开怀一笑，可以放松身心——这就是幽默谈吐在人际交往中的巨大作用。一个具有幽默感的人，能时时发掘事情有趣的一面，并欣赏生活中轻松的一面，建立起自己独特的风格和幽默的生活态度。这样的人，容易令人想去接近；这样的人，使接近他的人也分享到轻松愉快的气氛，这样的人，更能增添人的光彩，更能丰富我们生活的这个社会，使生活更具魅力，更富艺术。

法国作家小仲马有个朋友的剧本上演了，朋友邀小仲马同去观看。小仲马坐在最前面，总是回头数："一个，两个，三个……"

"你在干什么？"朋友问。

"我在替你数打瞌睡的人。"小仲马风趣地说。

后来，小仲马的《茶花女》公演了。他便邀朋友同来看自己剧本的演出。这次，那个朋友也回过头来找打瞌睡的人，好不容易终于也找到一个，说："今晚也有人打瞌睡呀！"

小仲马看了看打瞌睡的人，说："你不认识这个人吗？他是上一次看你的戏睡着的，至今还没醒呢！"

小仲马与朋友之间的幽默是建立在一种真诚的友谊的基础之上的，丢掉虚假的客套更能增进朋友之间的友谊。可见，交朋友要以诚为本。朋友之间要以诚相待，互相关心，互相尊重，互相帮助，互相理解。爱人者人恒爱之；敬人者人恒敬之。关心别人，才会得到别人的关心；尊重别人，才会得到别人的尊重；帮助别人，才会得到别人的帮助；理解别人，才能得到别人的理解。

在家庭生活中，男人常常会因为自己的妻子为赶时髦去购买时装而产生烦恼，免不了一番发泄，但这往往会伤害夫妻情感。如果你是一个有修养的男子，面对这种窘境，即使是批评，也应采取一种幽默的方式，既消弭矛盾，又不伤感情，并给生活增添一份情趣。

妻子："今年春天，不知又流行些什么时装？"

丈夫："和往常一样，只有两种，一种是你不满意的，另一种是我买不起的。"

这位丈夫的幽默，一般通情达理的妻子均能接受，两个人此时都会为之一笑。

谁不喜欢富有幽默感的人呢？即便是没有幽默感的人，对于幽默的人大概也是欣赏与喜欢的吧？因为任何人的内心都喜欢阳光与欢乐，而具有幽默感的人，他们身上散发着阳光与欢乐的气息。一个具有幽默感的人，会时时发掘事情有趣的一面，并欣赏主活中轻松的一面，建立出自己幽默的生活态度。这样的人，容易令人想去接近；这样的人，使接近他的人也分享到轻松愉快的气氛；这样的人，更能增添人生的光彩。

现代生活中的幽默，也就是与人为善，它追求的是人际之间的和谐与人的发展与完善。麦克阿瑟将军在为儿子所写的祈祷文中，除了求神赐他儿子"在软弱时能自强不屈；在畏惧时能勇敢面对自己；在诚实的失败中能够坚毅不拔；在胜利时又能谦逊温和"之外，还向上帝祈求了一样特殊的礼物——赐给他儿子以"充分的幽默感"。可见，幽默是人生多么值得拥有与追求的馈赠。

幽默是一种生活态度，它用机敏和睿智给人们带来快乐。如果你会幽默，那么你是一个幸运的人；如果你不会幽默，那么你至少要会去欣赏幽默。幽默虽然不能代替实际解决问题的科学方法，但在人生纷至而来的困惑中，它会帮你化被动为主动，以轻松的微笑代替沉重的叹息。

第三章　厉害的人擅长自我推销

　　一个人不管有多大的本事，如果不为人知，不被人发现，就像地下尚未被开采的煤，深深地埋在地下，永远也不会有出头之日，不会得到人们的承认。在传统的观念里，人们只注重知识的积累，却不懂得自我表现；如今，在这个充满竞争的时代，如果不善于表现自我，就会被无情的竞争淘汰，无法获得成功。

对自我价值要有正确的认知

一个刚踏入社会的年轻人在一家快餐店打工，因为疏忽而犯了一个严重的错误，店经理指着他的头骂："大学生有什么了不起？你以为你值多少钱？一个小时 10 块钱，连吃个汉堡套餐都不够！"那个年轻人呆在那里，惊觉到自己的确不值几个钱。

事实上，很多人在买东西时，都会斤斤计较，但在找工作时却便宜售出，为什么会有这么奇怪的现象呢？那是因为大部分人都忽略了，在市场经济制度下，任何东西都有价值，换言之，每一个人在这个社会里，都是某种形式的商品，都需要花时间去经营属于自己的品牌，行销自我，才能在这个社会中为自己争取最好的价格，更何况，未来人才的竞争是全球性的，21 世纪最重要的商品投资就是人才。

一件商品有没有竞争力、值多少钱？除了它本身的品质，最重要的决定因素当然是顾客的感受。广告中大量的顾客见证、明星见证，就是为了告诉受众：他们用了都说好，你为什么不试一试呢？毕竟只有使用的人认为它物有所值，甚至物超所值，那才是有竞争力的商品。

求职者不就是这样吗？学历、能力和资历当然是一种竞争力，可是老板花钱雇人，都有自己的期望值。当你的表现和他的期望基本吻合，他会认为你物有所值，当你的表现超出了他的期望，他会认为你物超所值。真正的竞争力是不容易被取代的，体现在我们的表现和老板的满意度上，而不只是我们手头的几张"质量证书"。

所以在打算销售自己之前，我们最好先搞清楚老板对自己的期望值。如果你是管理者，率领团队达到目标似乎是理所当然的，你能做到这些，自然你是物有所值。要是你还能训练员工、激励员工、营造高效的工作氛围，那就身兼领队、教练和队长的角色了，自然就是物超所值。想一想，做老板的通常会选择哪一种人？

如果你只是职员，把事情做对，帮主管"救火"，那些只是份内的；懂得自我教育、始终保持成长、主动沟通、积极合作的人，才是物超所值、有竞争力的。难怪很多公司找人的标准已经从原来的看学历、看技能、看资历，到现在变成看态度、看价值观、看综合素质了。

在今天的商场，要想获得高额回报并且甩开竞争者，就得提高产品和服务的附加值，这条规则在职场上同样有效。拿多少钱做多少事的年代早就过去了，竞争迫使我们不得不去思考自己的附加值是什么。

如果你总是把分内的事做得妥妥帖帖，却总是因为没能获得更多的空间而困惑。建议你想一想，除了应该做的事，你还能做什么？对你的老板来说，一个有着更高附加值的员工意味着效率、价值和榜样；而对你来说，它意味着机会、成长和实力。用不着抱怨什么，其实没有什么可以阻挡我们，只要我们的表现能够超出老板的期望，我们就有机会。

一旦我们拥有更高的附加值，自身的价钱就会自然攀升。

弄清楚"顾客"想要买什么

商场如战场，在对手如林的情况下如何将自己的产品卖个好价钱，是令所有生意人绞尽脑汁的事。市场营销学中关于产品的销售有一条众所周知的铁律，即：要想卖自己想卖的产品，很难；而要想卖顾客想买的产品，则容易多了。

因此，老板想买什么？这一点我们必须非常清楚，因为他们就是我们的客户。

不要认为自己有学历、有能力、有经验。或许你的老板认为这是最起码的条件，他们可能更在乎你未来的潜力，而不是过去的表现；也可能不在乎你个人的实力，而是看你能不能融入团队；甚至有可能希望你是一张白纸，而不是靠经验来应对瞬息万变的挑战……反正，你有的和你老板要的可能不完全是一回事。所以不要抱怨为什么在职场走得那么辛苦。

顶尖的推销员总喜欢和他们的客户做充分的互动，这既是对客户的尊重也是绝对自信的表现，因为他们相信自己能够满足客户的任何需要。你正是要这样去做，不要害怕和你的老板沟通，经常问他一些只有顶尖的推销员才问得出口的问题，比如："对我的工作您还有什么建议和要求吗？我真的很想知道！""您能告诉我还有什么环节需要改进吗？我会努力去做！""只要对我的表现不满意就告诉我好吗？请相信我能做好……"

我敢保证，没有一个老板会不喜欢如此主动的员工，但更重要的是你可以了解你的老板究竟要什么。这是一条捷径，一条让能力迅速提升并使我们脱颖而出的捷径。

只要看看那些顶尖的推销员就会明白，他们可能并不是学历最高的、能力最强的、经验最丰富的，但他们一定都了解客户要什么并能设法满足。要知道，没人会关心你是谁、你有什么，除非你能够帮助他们解决问题——这就是职场。

做自己擅长的事

人必须要了解自己，发现自己的最大优点。有句老掉牙的话说："天生我才必有用。"

许多大型外商公司在招募新人时，不仅重视新人曾经学过的专业，还要求新人做"性向测验"，为的就是了解新人的个人特质，以便安排最适合他的工作。

我们得像品牌大师一样也为自己找一个独特的特点。学历、技能、经验……虽然听起来都不错，可显然不够独特。

其实，在职场可以成为 USP 的东西有很多。只是大多数人不知道，比如：学习能力、创新能力、组织领导、人际合作、沟通表达、效率管理……一个人总得有几手绝活，在学历、技能、经验都不相上下的时候，这些特点就成了胜出的理由。

在童话《我是谁》中，一只不知道自己是什么动物的小地鼠，在寻找自己是谁的过程里，首先跟松鼠朋友学爬树，因为她很羡慕松鼠可以爬到高高的树枝上，看远处的风景。但她不管怎么努力，总是没有办法像松鼠一样爬得又快又高，好几次摔跤还差点跌断腿。后来她又跟小狗学赛跑，但还没跑多远，就累得要命。甚至她还跟夜莺阿姨学唱歌，但她只要一开口，动物就都跑掉了。她很难过，觉得自己是森林王国里最没用的动物，只好挖个洞躲起来。直到有一天，浣熊妈妈家里失火了，但是浣熊宝宝逃生不及还困在屋里，由于火势太大，没人可以靠近救援。就在千钧一发之际，小地鼠发现自己挖的洞与浣熊妈妈家不远，灵机一动，就挖地洞穿透浣熊家的地板，救出了浣熊宝宝。从浣熊妈妈感激的眼神中，小地鼠发现了自己的价值，也找到了自我。

从这个童话故事中，我们可以发现"天生我才必有用"这句话的含义，那就是发现自己的天赋、特质，最好就根据这项特质去发展自己的优势，做自己擅长的事。如果用现代企业的术语来说，就是发现自己的核心价值，专注于本业。

想要发现自己的特点在哪里，应该问自己两个问题。第一个问题是，我的天赋特质到底是什么？从小到大有没有什么事情，是我不需要经过太多努力就比别人做得好的？第二个问题则是，我有没有按照自己的特质天赋，发展自己的专长？现在的工作，是不是就是我最擅长的？

现在开始，花点时间，好好找找自己的特点。如果你有，那就不放过任何一次可以表现自己的机会。如果你没有，那就建议你赶快拿出读文凭、考证书的热情，帮自己获得新的竞争优势。

虽然很多人都认为在职场推销自己比以往更困难了，可我却相信其中原因是因为他们没有找准自己的特点。竞争激烈的确是个事实，可很多公司因为找不到合适的人选而不得不让职位空置的事实，也在提醒今天的职业者：不是你没有机会，而是你必须告诉老板，你的特点究竟是什么？

重视个人形象的包装

国内某品牌香水在进入南美市场之初，销售业绩一直不尽如人意。后来，市场营销人员对南美香水市场做了一次全面的调查后，提出了突破现状的对策：一、提高包装的档次；二、提高香水的售价。新的市场对策付诸行动后，这个品牌的香水在南美市场的市场占有率节节攀升，获得了良好的市场效益。

为什么同一个产品，换上一种高档的包装，就能以更高的价钱畅销起来呢？这个问题不仅值得各个企业的营销人员深思，也值得广大职场人士深思。

再说一个我本人应聘失败的真实例子。几年前，一本叫《××文摘》的刊物在广州成立发行站，急需招聘发行经理一名，待遇颇为优厚。我因为在广州有三年刊物发行的经验，在广州的发行网络中有良好的关系，因此自信能做好这个工作。于是，在与招聘方电话沟通后，我便于第二日前往面试。来面试的人有四五个，我排在第四位。其他都西装革履，唯独我穿着一身牛仔服。头发、胡须我也没有打理，一副嬉皮士的风格。那次应聘面试的时间，别人花了半小时以上，唯独我不足五分钟。在我坐在面试主考官对面时，我就明显感觉出他冷淡的态度。他随口问了我几个问题，便有结束面试的意思。尽管我采取了主动介绍自己的方式，试图吸引他的注意力，但他似乎对我没有多大的兴趣。最后，我在尴尬中离开了。

事后，我总结分析了我失败的原因：忽略了对个人形象的包装。

适时地为自己做些广告

你有没有发现，现在电视广告时间越拉越长，广告片越做越精致，广告投入越来越吓人。商家不惜血本来抢夺人们的眼球，目的很明确：使你认识它，记住它，购买它。

那些获得成功的职业人士，从来就不会停止对自己的宣传，他们的目的很明确：被认识、被记住、被购买。很难说他们的才能一定比你更强，但会宣传的一定比不会宣传的更容易卖掉。演员、歌手、律师、经理……又有谁能够例外？

我们需要走出去、带点微笑、张开嘴巴、勇敢而真诚地告诉别人我们是谁？能为他们带来什么？我们想得到什么？事情就这么简单：很多人不愿开口，你开了口，你就成功了。

想要证明自己，最好先让别人认识你、记住你，努力地推销你自己！

"花开堪折尽须折，莫待花落空折枝"。有才能，就要尽情发挥。每个人都有潜能，都有自己的一技之长，但刚刚进入一个新的工作环境，没有人了解你的才能，上司看你就像一张白纸，工作做得好坏就看你的发挥了。

因此，要想怀才而遇，就必须才华外露。不露，就没人知道你有这种才能；不了解你，上司就没法重用、提拔你。如果你把本事隐藏起来，时日一久，上司就会认为你是无能之辈，不再理你了。

著名管理顾问克利尔·杰美森对如何获得晋升提出了自己的看法，他说："许多人以为只要自己努力工作，顶头上司就一定会拉自己一把，给自己出头的机会。这些人自以为真才实学就是一切，所以对提高知名度很不经心，但如果他们真的想有所作为，我建议他们还是应该学学如何吸引众人的目光。"他的话指出了晋升的过程中一个至关重要的问题，那就是如何向上司、同事推荐自己，形成影响力，一般来说，要成功地推荐自己应注意以下几点。

第一，自己应有一定的实力，在推销自己时，人家不会觉得你在夸夸其谈。

第二，推销自己一定要选好时机，好钢要用在刀刃上，这样才更能引起别人的注目。

巧妙地推荐自己，这也是博得上司信任，化被动为主动，变消极等待为积极争取，加快自我实现的不可忽视的手段。常言道："勇猛的老鹰，通常都把它们尖刻的爪牙露在外面"。这不是启示人们去积极地表现自我吗？精明的生意人，想推销自己的商品，总得先吸引顾客的注意，让他们知道商品的价值，这便是杰出的推销术。人，何尝不是如此？《成功的推销自我》的作者 E. 霍伊拉说："如果你具有优异的才能，而没有把它表现在外，这就如同把货物藏于仓库的商人，顾客不知道你的货色，如何叫他掏腰包？各公司的董事长并没有像 X 光一样透视你大脑的组织，积极的方法是自我推销，如此才能吸引他们的注意，从而判断你的能力。"

自我推销的 13 个手段

推销自己是一门艺术。人们大都喜欢表现自己，会推销自己的人会让人觉得此人有能力，有才华。但如果表现得不好，就容易给人一种夸夸其谈、轻浮浅薄的印象。

那么，我们该如何成功地推销自己，而不会让人觉得我们是夸夸其谈之辈呢？下面介绍自我推销的 13 个手段。

1. 推销自己是会表现而不是爱表现

推销自己是会表现而不是爱表现，也就是说，你有多少本事，你就得拿出行动来，否则只会让别人觉得你是夸夸其谈。也许有人会说："行动？我多年埋头苦干，兢兢业业，却默默无闻。""现在是干的人不香，说的人飘香。"如果你尝过这种苦头的话，那么，证明你缺乏干的艺术和说的艺术。请自问一下：别人不愿做的事我是否做了？关键时刻我是否表现得出色？我是不是错过了表现自己的极好机会？另外，我所做的事情，是否上司都了解？靠别人发现，总归是被动的；靠自己积极地表现，才是主动的。

成功者善于积极地表现自己。在日常生活的每时每刻、每项活动中，他都体现着自己的才能、德行以及各种各样的处理问题的方式。这样不仅能表现自己也能吸收别人的经验，同时获得谦虚的美誉。学会表现自己吧——在适当的场合、适当的时候，以适当的方式向上司和同事表现我们的业绩，这是很有必要的。

2. 推荐自己要有灵活的指向

人有百号，各有所好。对人才的需求也是这样。假如你已经针对对方的需要和感受却仍然说服不了对方，没能被对方所接受，你应该重新考虑自己的选择。倘若期望值过高，目光盯着热门单位，就应适时将期望值下降一点儿，眼光放宽一点儿，还可以到与自己专业技术相关或相通的行业去自荐。美国咨询专家奥尼尔说："如果你有修理飞机引擎的技术，你可以把它变成修理小汽车或大卡车的技术。"

3. 最大限度地表现自我的美德

人是复杂的、多面的，既有长处，也有短处，既有优点也有缺点。如何扬长避短，最大限度地表现自己的美德，这是成功者必备的素质。聪明人能够使自己的美德像金子一样闪闪发亮，具有永恒的魅力。你是否最大限度地表现了自己的才能和美德呢？这可是成功者一大秘诀，它有利于丰富我们的形象，有利于事业的成功。如何最大限度地表现自己的美德呢？请勿忘"尽善尽美"四个字。马尔腾认为："事情无大小，每做一事，总要竭尽全力求其完美，这是成功者的一种标记。"

每个人都想得到一个较高的位置，找到一个较好的机会，使自己有"用武之地"。但是，人们却往往容易轻视自己简单的工作，看不起自己平凡的位置与渺小的日常事务。而成功者即使在平凡的位置上，工作都能做得十分出色，自然也就能更多地吸引上司的注意。成功者每做一事，都不满于"可以""差不多"，而是力求尽善尽美，问心无愧。他们不但要做得"更好"，而且在自己能力范围内做到了"最好"。他们的任何工作都是经得起检查的。他们的美德就是在这一件件小事中闪闪发亮的。

最大限度地表现自己的美德，还有一个度的问题。表现自己而又恰如其分，这既是一种能力也是一门艺术，它往往体现了一个人的修养。

4. 推荐自己要注意控制情绪

人的情绪有振奋、平静和低潮三种表现。在推荐自己的过程中，善于控制自己的情绪，是一个人自我形象的重要表现方面。情绪的控制，可以造成他人对我们的印象和认识。情绪无常，很容易给人留下不好的印象。为了控制自己开始亢奋的情绪，美国心理学家尤利期提出了三条有趣的忠告："低声、慢语、挺胸。"

5. 抓住时机，抬高身价

某大学有一位二十岁出头、留校两年的小青年。别看他小，他担任校团委书记已经一年多了。有人曾笑着问他："在同龄人中，你是较早成功的，绝招在哪儿?"他非常坦然地回答道："我没有绝招，只是生活给了我一次机会。留校那一年，系里让我负责团的工作。我便抓住这个机会，逐渐起步，努力工作，认真总结，充分地显示了自己的能力。我把自己给推销出去了。第二年，学校选拔团委书记，担子便落在我的肩上了。"这位小书记有一句格言："先有位而后才能有为。"他的上司与伙伴都曾说："这小子真精明!"如果不是他那样有意识地、巧妙地运用推销术，纵使他有再高的才华，恐怕也很难一举成功。

6. 表现你的才智

一个人的才智是多方面的。假如你是想表现你的口语表达能力，建议你在谈话中注意语言的逻辑性、流畅性和风趣性;如果你想表现你的专业能力，当上司问到你的专业学习情况时就要说明详细一点儿，你也可以主动介绍，或者问一些与你的专业相符的新工作单位的情况；如果你想要让上司知道你是一个多才多艺的人，那么当上司问到你的爱好兴趣时就要趁机发挥或主动介绍，以引出话题，如果上司本身就是一个爱好广泛的人，那么你可以主动请求拜"师"求艺。

至于表现自己的忠诚与服从，除了在交谈上应力求热情、亲切、不自傲之外，最常用的方式是采取附和的策略，但尽量讲出你之所以附和的原因。上司最喜欢的是你能给他的意见和观点找出新的论据，这样既可以表现你的才智，又能为上司去教育别人增加说理的新材料。

如果你实在想表示与上司不同的意见，不妨采用迂回的办法。处理人际关系的时候，先赞同对方，然后再提出自己的建议，这种办法可以达到既让上司感到舒服又表现出自己才华的效果，可谓一举两得。

7. 推荐自己应以对方为导向

在推荐自己的时候，注重的应该是对方的需要和感受，并根据他们的需要和感受说服对方，使对方接受。在这方面，不乏成功的幸运者。

北京某大学新闻系的女生小周，学习成绩好，业务能力强。听说一家全国性报社要招人，她先花一天时间钻图书馆研究这家报社，然后拿着自己的简历和作品闯进报社总编辑办公室。总编看完简历后问她："为什么来我们报社？""你觉得我们报纸有哪些特点？哪些不足？"几番对答，总编不住颔首，告之一周后听"研究结果"。一周之后，小周如愿以偿地进了报社。小周的成功，关键在于能注意对方的需要。

8. 另辟蹊径，与众不同

这是一种显示创造力的、超人一等的自我推销方式。

款式新颖、造型独特的物体常常是市场上的畅销货，见解与众不同、构思新奇的著作往往供不应求。独特、新颖便是价值。物如此，人亦然。别人不修边幅，你则不妨稍加改变和修饰；别人好信口开河，你最好学会沉默，保持神秘感，时间越长，你的魅力越大；别人总是扬长避短，你可试着公开自己的某些弱点，以博得人们的理解与谅解；别人自命清高、孤陋寡闻，你应该尽心地建立一个可以信赖的关系网；别人虚伪做作，你要光明磊落、坦诚待人；他人只求可以，你则应全力以赴，创第一流业绩；别人对上司阿谀逢迎，你却是以信取胜。倘若你愿意试试以上方法来表现自己，就一定可以收到异乎寻常的效果。

9．推销自己是自然的流露而不是做作的表现

会表现的人都是自然地流露自我而不是做作地表现自我。成功者从不夸耀自己的功绩，而是让其自然地流露。在你向上司汇报工作时，不妨说："我做了某事……但不知做得怎么样，还望您多多指点，您的经验丰富。"这样，你好像是在听取上司的指点，而实际你已经表现了自己，又充分体现了谦虚的美德。如果你以请功的口气直接向上司说：我做了某事，这事很不简单，做起来真不容易，具有……的价值。这样，你在上司心目中就已经损害了自己的形象，也降低了你在上司心目中的价值。

10．切勿自欺欺人

"实事求是地推销自己"是成功者的信条之一。没有内涵地胡乱吹嘘可谓是自我推销的一大禁忌。"挂羊头卖狗肉"者可以骗取一些不义之财，但是，顾客的醒悟之际也便是他们声名狼藉之时。上一次当，这是常有的事，再度上当的人，毕竟是少数。把顾客当傻瓜的人才是真正的傻瓜。在人生的竞技场上，这种自

欺欺人的做法只会使自己身败名裂。

11．推荐自己要灵活运用宣传手段

推荐自己时，应以简短的自传形式扼要概括自己的履历、才能、发明创造、贡献目标、理想、爱好等，分寄给有可能对自己感兴趣的单位和部门；也可以通过熟人、亲友等的介绍；还可以通过登广告的形式，向对方推荐自己。

12．表现自己的忠诚

人人都希望自己的才智能够得到社会的赏识尤其是上司的赏识，因此在初次会见新上司时就应尽量表现自己的才智。如果上司认为你是一个不中用、无能力的人，那么他就不可能重视你，你在这个单位或部门也就不会有更大的发展空间。但是许多求职者却忽视了上司择人的另一标准，即忠诚与服从，而且有时这还是比才智更高的标准。一般的上司都喜欢既有能力又忠诚服从的下属，最不喜欢的是有能力而不听使唤的下属，因为这种下属对他本身是一种威胁，对单位的工作协调也不利。

孔子的弟子子路曾问孔子："为什么累德、积义、有才、有识的人反而不被重用？"孔子回答是："遇不遇者，时也。"实质上这里谈到的就是上司择人的问题。智者比干被纣王剖心，功臣韩信被刘邦所诛，丞相文种被勾践赐死，中国历史上这样的故事数不胜数，共同的特征就是君主们或认为臣子威高震主，或认为臣子不忠诚服从，于是统统诛之。在今天，虽然上司没有诛杀下属生命的权力，但总是可以左右他的前程的，所以表现出自己的忠诚、服从在工作中是必要的。

13．推荐自己应知难而退

推荐自己有时不一定会成功。我们去面谈求职，谈到一定时候，如果发现时机不对或者对方无兴趣，就要"三十六计，走为上计"。这时候，表现要冷静，不卑不亢地表明态度或者自己找个借口，给人留下明理的印象。推荐不成功，可能错在自己，比如资格不够、业务不对口、过分挑剔等；也可能是对方不识才、性别歧视、要求过高等等，这时你不妨另找门路。

攻克"伯乐"的 5 个技巧

郦食其是秦末高阳人，好读书，家中贫苦，但胸中蕴含天下的韬略。陈胜、项梁等起义之后，经过高阳的起义军有几十支，郦食其观察这些起义军的领袖都是龌龊之辈，喜欢烦琐的礼节，不能听从宏大的谋略，因此隐居不出。后来听说沛公刘邦的起义军到了附近的陈留郡，并且刘邦每到一处都探访当地的英雄豪杰。郦食其还了解到刘邦为人豁达大度，不拘小节，比较随便，有宏大志向，于是决心求见刘邦。

郦食其一位同乡在刘邦身边做骑士，正好回家，郦食其便请他向刘邦转达自己的意思。郦食其知道刘邦不喜欢儒生，客人中有人戴儒冠，刘邦便拿来做便壶，在里边撒尿；刘邦的性情比较粗野，开口就骂人。所以郦食其对这位骑士说："你见到沛公，就说我们乡里有一个叫郦生的人，年纪六十多岁，身长八尺，人都叫他'狂生'。这样沛公一定会接见我。"

刘邦年轻时狂放不羁，是个酒徒，常在酒店里赊钱喝酒，喝醉了就躺在酒店的地上。郦食其深知自称"狂生"，就会吸引刘邦的注意力，有利于自荐成功。

果然，这位骑士如郦食其所说转告了刘邦，刘邦立即召见了他。两人一见如故，郦食其便为他献出攻占陈留郡的策略，为自己建功立业找到了一个理想的平台。

作为现代人，要如何才能吸引"伯乐"的注意力呢？以下是几则小技巧，希望对读者有所启发。

1. 从别人的经历中寻找受人注意的捷径

鲍勃是纽约著名杂志《妇女家庭》的主编，他接手该杂志短短数年，便使濒于破产的杂志社起死回生，杂志的销量直线上升，广告客户蜂涌而至，自己也赚了不少钱，而且深得老板器重，令同行们嫉妒。

其实，鲍勃成功的秘诀很简单，那就是他善于引起别人的注意。在十三四岁的时候，鲍勃便开始和当时社会上的风云人物通信，积年累月，获得不少名流的注意。

当时的鲍勃只是西联电报公司中毫不起眼的送报生。但是，就因为他喜欢与伟人通信，又是个孩子，便毫不费力地得到许多名人的友谊。如格兰特将军和他的夫人、伽菲尔将军、休曼将军、林肯夫人、学者海思等。后来，在他的这些朋友之中，海思居然做了美国总统，他便写了许多文章在鲍勃接手的杂志上发表，于是该杂志行情看涨，身价大增，销路蒸蒸日上。

不难想象，世上有多少人朝思暮想得到伟人的青睐，然而年轻的鲍勃却如此轻易地在千百万人中间拔得头筹，占尽优势。这是什么缘故呢？原来他写给那些名流的信，都是很特别的。鲍勃曾读过这些名人传记，他在信中写的情意，都是从那些小传中挖掘出来的。

据为鲍勃写传的作者皮亚特记述："鲍勃想把那些他看过的小传核实一下，于是他就以一个孩子的直爽天真，径直写信给伽菲尔将军，问他的小传中记载他小时候曾做过拽倒小童的恶作剧是不是真的，并且说明他写信询问此事的目的。于是，伽菲尔将军很详细客气地写了一封回信给他。他看了复信后高兴极了，同时觉得这是一个大发现。得到名人的书信，不仅仅是得到他们的手迹，而且从那些信中他还可以获得许多有用的知识。所以从此之后，他就开始不断地写信，问那些名人为什么要做这件事情或那件事情，或是询问他的某一件事情发生的日期……结果，真有几个名人写信邀请鲍勃去看他们，与他建立了友谊；更多的是，每当有名人来到纽约，他必然要去拜访那些曾经写信给他的人，并亲自向他们道谢。"

我们大概都希望与名人做朋友，大概都希望有名人指导我们，然而，我们应该用什么方法来使这些名人指导我们呢？我们可曾像鲍勃那样，从别人的经历中去寻找我们的武器呢？

可见，要打动别人，首先就是要赢得别人的注意。鲍勃就有这个本领，他从每一个名人特别有趣的经历中去接近他们。

著名钢铁大王卡耐基在一个很紧要的关头也曾运用这个策略。有一次，一座很重要的铁路桥梁工程眼看就要被别人抢走了，他绞尽脑汁，想让桥梁的管理人员改变他们的决定。那时，他们对熟铁比生铁坚实这一重要特点并不太清楚。据卡耐基自己说，那时恰巧发生了一件很巧妙的事情。一个管理人员在黑暗中驾着汽车撞在一根生铁铸成的灯柱上，把灯柱撞断了。

卡耐基立刻抓住这件事。他说："喂，各位都看见了吧？"待许多管理人员注意这件事后，他便详细地告诉他们为什么熟铁比生铁好。卡耐基运用了鲍勃同样的策略："从那些管理人员自己的经验中寻找出使他们注意的机会，以达到成功。"

当我们和一个人交谈的时候，我们会看见他的眼睛在游移着，我们感到他渐渐地不注意我们了，这就是我们忽略了这个策略的缘故——我们忘记了去关心他人的经验。我们与别人的兴趣越接近，我们就越能牵住他们的注意力。

2. 最引人注目的是与自己有关的事情

我们平常所见的每一张报纸都是依据"我们与别人的兴趣越接近，我们越能牢牢地抓住他们的注意力"这一策略发展起来的。《联合日报》的总经理考伯曾说："编辑们应牢记的第一点是：人人都对自己最感兴趣。第二点亦由第一点派生：人人都对自己所认识的人或所看见过的东西以及所经历过的事情感兴趣。"考伯还说："在每天早晨的报纸的封面和第二页上，尽管有许多从欧洲来的重要新闻，可是你差不多看也不看它们一眼，你最热心的是：你的所得税怎样了？你所住的那条街发生了什么事？你所认识的人发生了什么事？本县里发生了什么事？本省里发生了什么事？国家大事怎样了？"

《合众日报》总经理毕考尔也曾说："每一个人都以为世上最有趣儿的人乃是自己，如果你没机会在报纸上看到关于自己的报道，那么看看关于你认识的或闻名的人的消息也是好的。"墨索里尼在报纸上远不及一个电影明星更能吸引我们的注意力，因为墨索里尼固然重要，然而大多数人却更熟悉明星的一切。印刷品中如印着自己的名字，无论它们印得怎样小，都会跃然撞入我们的眼帘，也就是这个缘故。

同样道理，当我们在银幕上或小说中看到英雄好汉的冒险行为，我们有时竟不知不觉地将那些英雄好汉变成我们自己。当他放枪的时候，我们也会不由自主地在勾扳机了；当他奔跑的时候，我们也不禁两腿做着骑马的姿势了。总之，人人都喜欢那些他们自己曾经遇到过的事情，或喜剧或悲剧，自己常常感觉成为了其中的英雄或牺牲者。

新闻记者常常引导读者自然而然地将自己假设为主角的故

事，我们常常称之为"大众兴趣材料"，其实，我们感觉到的兴趣的真正对象就是我们自己。

在爱迪生的实验室中，爱迪生常常用巧妙的方法来观察他手下的年轻职员究竟对哪一种工作最感兴趣。他以一个完全不同的方法来做这一调查，为此，他在实验室中特别设置一个事务上的组织，使那些年轻职员时常显露出各人的兴趣和注意点。

据他儿子说："我们这里通常有几个年轻职员，他们的唯一工作便是巡查各家店铺，他们必须每天写一个报告，说明他们的一切建议和批评，许多有价值的思想都是从这些报告中产生。但比这些思想更重要的是，我们可以从这些报告中看出他们感兴趣的是什么？他们最适宜做哪种工作。"

"比如说，有一个化学工程师，他告诉我们的，在我们想来当然是非化学莫属了。但有时他的报告中却并不详述关于这方面的建议，而是注重于怎样出货，如何布置等等。于是，很显然，他所注意的是在那一方面，那么，我们既然知道了他的真实兴趣在哪一方面，我们当然就可以派他去担任那一方面的职务。"

我们大都是身不由己地被拽引到与我们天生的兴趣最接近的工作上去，这种兴趣，有时是我们自己也难觉察的。总之，人人常常对自己及自己的事情非常注意。比如自己所缺少的东西，与自己有关的一切问题以及与自己的经验有关的种种事情。

3．抓住别人的注意力

电话机的发明者贝尔有一回为筹一笔款子而大伤脑筋。他来到一个朋友休巴特先生的家中，希望他能对他正在进行的新发明投资。

他该怎样说服休巴特先生呢？是开门见山就大谈预算能获得

多少利益吗？是把他的科学原理给他解释一番吗？贝尔绝不会做这种傻事的！他只字不提他的真正意图，而是预先设计安排好了一个"局"。贝尔不但是个发明家，而且还是一个出色的交际家。

据贝尔的传记所述：他弹着钢琴，忽然停住了，向休巴特说："你可知道，如果我把这脚板踏下去，向这钢琴唱一个声音，比方说'哆'，这钢琴便也会重复弹出这个声音'哆'。这事您不觉得有趣吗？"

休巴特当然不明白这是怎么回事。于是他悄悄地放下手中的书本，好奇地询问贝尔，于是贝尔便详详细细地给他解释了和音或复音电信机的原理。这场谈话的结果，休巴特很情愿负担一部分贝尔的实验经费。

贝尔的决胜策略，其实非常简单，在讲他的故事之前，他先设法引起对方的好奇心。他无师自通，巧妙运用了"引起他人注意"的秘诀。

表演展示一些新颖别致的事情，贝尔牵引着休巴特对他的理想发生兴趣，这是一种很有力量的策略。然而，这一计策的运用也并非没有地雷暗礁，我们常常见到许多奇妙的技艺终归于失败，结果不过是看客们一耸肩膀或一扬眉毛。这便是没能够真正运用这个秘诀的缘故。

而贝尔却能够以"新颖"混于"熟悉"之中，很自然地运用了这个计策。休巴特的钢琴就是帮他完成妙计的唯一功臣。

然而，新颖的东西固然引人注目，但未必都能牢牢吸引我们。我们常常情不自禁、穷追不舍地要弄个明白的新颖的事物，都是有某种条件的，那就是这些新颖的东西必须包含我们熟悉的成分。倘若不能触及我们自己的经验，我们还是不会深切注意它们的。

　　所以，我们可以下这样的断语：新颖的东西，必须与我们的经验接近才能够引起我们强烈的注意，引起我们的好奇心。

　　据说，贝尔在平时谈话中，也紧守着这个方略。他是一个很健谈的人，而且别人都喜欢听他的谈话，因为他的谈话常是根据别人的兴趣和经验，再穿插以新颖的资料，因而他能够使他谈的事情都像戏剧一样有趣。

　　当我们很谨慎地根据他人的经验、兴趣，而设法接近他人时，除了拿出新颖的东西之外，还得掺和着一些别人熟悉的成分。因为我们的目的是不但要抓住他人的注意，还必须把握住他人的注意力而使他人折服。

　　总之，当我们希望别人接受一个新的理念，并且对于这个理念有所作为的时候，首先要注意的是："用他们自己的经验来解释给他们听。"

　　4. 迎合别人的经验及需要

　　在纽约，著名编辑肯尼思当年初入报界求职的时候，便是迎合了别人的经验和需要才获得成功的。

　　18 岁的肯尼思只身一人来闯纽约，他的第一个问题便是要向一个完全不认识的人求得一个编辑的职位。当时的纽约有成千上万的人失业，而所有的报馆都被找职业的人包围着，在这样艰难的时期，这种严重的关头，他的问题是多么难解决呀！然而，肯尼思有一项优势，那就是他曾在一家印刷厂做过几年排字工。

　　肯尼思跑的第一家便是《纽约新闻》，因为他早已知道这家报纸的老板格里莱少年时也曾像他一样，做过印刷厂的学徒。因此，他料定格里莱对于一个与他有相同遭遇的孩子，一定会表示高兴和同情。果然，格里莱录用了他。

他所以能轻易地使老板相信他是值得雇佣的人，完全是因为肯尼思知道运用"接近别人的经验"的策略，能够借用格里莱自己的经验来表达他的思想。

石油大王洛克菲勒的儿子是一个聪明的人，在中年时期，一次他曾带了3个孩子出去旅行，不料被许多摄影记者包围住了。他很不愿意把孩子的照片刊登出来，但是他能当场表示拒绝吗？不！他想，要既不让这些摄影记者扫兴，又使他们同意不拍摄他孩子们的照片。

他与他们谈话时，并不把他们当作新闻记者，而是当作是他的师长或父辈。他与他们讨论，他表示刊登小孩子的照片，似乎不是教育儿童的好方法。于是这些摄影记者同意他的意见，很客气地走了。

帕丝女士也曾运用同样的方法与态度强硬的犯人谈话，交谈不到几分钟，竟使那些犯人涕泪交流地跪了下来。

她首先就和犯人们谈他们幼年时候的事情，以勾起他们以往的一切经验。犯人们大概都能抵抗一切外来的刑罚、威胁，然而对于这些内心升起来的种种回忆，可就没有能力去抵抗了。结果，许多冥顽不化的犯人都被帕丝女士转变成为温良和顺之人，成为有用之材。

美国的铁路专家查顿到英国去做大东铁路公司的总裁。到任之时，人家对他的反对就像"早春的寒霜"。原来大东的职员有一个传统观念："没有一个美国人有担任大东总裁职位的资格。"查顿是美国人，竟然当了总裁，于是便犯了众怒。但查顿并不着急，他只运用了一些策略，便平复了众人的敌意。他究竟运用了什么策略就消释了他们由传统观念而产生的敌意呢？那便是根据他产生敌意的经验，去迎合他们的意志并做出公开的演说。他说他到英国来担任这个职务，并不是为了什么荣誉，也没抱什么希望，他所需要的只是能有一个"户外竞技的机会"罢了。几句话下来，果然使成千上万的大东职员们静默下来。

美国著名演说家乔特之所以能保持演说家的地位长久不衰，关键在于他善于应用这种策略。

有一次，他在一个陶瓷学校演说，第一句便说自己是校长手里的"陶土"，接着再说远至古代以来的陶瓷简史，使全校师生都听得非常满意。

又有一次，他在一个渔民集会上演说的时候，开头就把自己比作一条"异鱼"，他说："这条异鱼也许会使你们钓鱼的本领意外进步，或许反而使你们钓鱼的本领退步。"他说了这样的妙语之后，才接下去演说英国渔业委员会繁殖江河鱼类的伟大计划和成绩。

而在一所英国学校演说时，他则列举一大串从该校毕业出来的著名人物，借此说明英国的教育上是多么卓有成效，胜人一等。当然，他的演说受到热烈的欢迎，因为他的一切演说的重点总是集中在别人的兴趣上。

《演说术》一书的作者菲利浦曾说："以听众的经验来发挥，乃是演说术的第一要义。演说者把他的思想熔铸在听众本身经验中越多，便越容易达到演说的目的。"

菲利浦举例说："当我告诉一个朋友说：'我的邻居买了一车紫苜蓿。'这话可能使他不懂，如果我接着解释'紫苜蓿是一种草料'，于是他立刻有了紫苜蓿的印象，不容易懂的话就变得容易懂了。这就是解释已涉及听者自己的经验范围之内的缘故。"所以，菲利浦的结论是，"参考听众的经验，就是侵入听众的生命。"

总之，当你想抓住别人的注意，使他们听信于你的时候，建议你小心地从他们自己的经验及需要中接近他们，用他们的语言来发挥你的思想。

要想获得别人的注意，应当先尝试引起他们的好奇心，越是出人意料、越是戏剧化越好。当你运用这个策略的时候，你不妨在他们已经熟悉的事物中添加一点新颖的东西进去。

5. 关键时表演一点绝活

别错过表演自己的机会，抓住一次你就可能成为主角。

身处职业赛场的人，也需要机会让自己一战成名，这是一个在"速食"年代出人头地的最佳策略。你就像一个雄心勃勃的"板凳队员"，随时准备着教练的召唤，一有机会出现，就会不毫不犹豫地冲向赛场并且不辱使命。成为某个行业的偶像并不是白日梦，关键是为每一次可能出现的机会做好准备，绝不错过任何一次表现自己的机会。

汤姆·克鲁斯在出演《壮志凌云》之前，只能在好莱坞扮演一些小角色，有时甚至连一分钱片酬都没有。导演们拒绝他的理由是：不够英俊，皮肤太黑了，演技太幼稚，等等。然而，这些在今天都变成了笑话。另外，像乔治·克鲁尼在出演《急诊室》之前、金·凯瑞在出演《变相怪杰》之前、尼古拉斯·凯奇在出演《远离赌城》之前，他们都不得不努力地去扮演各种小角色。绝不错过任何机会的做法，使他们最终都变成了好莱坞的票房保证。

如果你正在为缺少表演机会而郁闷，或者因为总是扮演一些小角色而心有不甘的话，请你相信这只是个过程。事实上，在你的公司里根本就没有什么"小角色"，只有那些自己看扁自己的

"小人物"。只要你愿意，会议、培训、提案……公司的任何一项日常活动都能成为你表演的舞台。当那些"小人物"迟疑、退缩的时候，你应该信心十足地说："我可以表达自己的想法吗?""让我来试一试吧!""我相信我能做好!"

　　如果对自己的能力还没有信心，那建议你埋头苦练，什么都别说。如果你认为缺的就是机会，那就努力演好目前的角色，使自己养成每次都做得很好的习惯，成功应该离你不远。

"被需要" 不如 "被喜欢"

以商品为例，飘柔、海飞丝之所以畅销，主要原因是顾客需要它们；史努比娃娃之所以令麦当劳门前排起长龙，主要原因是顾客喜欢它。由此可见，一件商品如果能让顾客需要它或让顾客喜欢它，就一定不愁没有市场。

人要畅销，也必须令别人需要自己或喜欢自己，"需要你"是对你做事能力肯定，"喜欢你"是对你做人技巧的欣赏。

很多时候，我们可以看到一种所谓的"逆淘汰"现象：一些有做事能力的人在单位备受冷落与排挤，最终不得不挂冠而去；而另一些做事能力平平的人在单位却是风声水起，一路晋升。

人们需要你，那是对你做事能力的肯定；可要是他们并不喜欢你，你跟他们之间的合作就只能是暂时的。你敢说再也没有合适的人能够替代你吗？聪明的人应该懂得如何使自己更受欢迎，因为没有人愿意和自己讨厌的人在一起长期工作，哪怕他真的很出色。

当然，你不用做"大众情人"。什么人都会喜欢你，也会使你很快成为没有原则的"滥好人"。做好人，但是千万不要"滥情"。面对原则性的冲突，你要坚持，但需要用完美的沟通来坚持。保持原则又不遭人恨，这叫"拿捏"。

对于那些长期"滞销"的求职者，建议他们留意专业以外的因素。因为阻碍他们成功的可能并不是他们做事的品质，而是他们对待人际合作的态度。就好像我们经常能够听到的这些调调："我是凭本事吃饭的，用不着靠关系做事！""有那个功夫协调、沟通，自己早做完了！""和人打交道太复杂了，还是做事干脆！"
"别人怎么想那是他的事，考虑这么多忙都要忙死了！"

这些人的态度很容易使他们成为不受欢迎的人。你有本事，人们还能容忍你；你没本事，请你赶快离开。这就是职场，有人的地方就会有斗争。抱怨你的公司存在人际斗争，就像抱怨这个社会存在犯罪一样，没有任何意义。如何赢得更多的人的支持，使他们接受你、喜欢你，才是你应该考虑的问题。

很久以来，求职者都以为被人需要才是竞争力。他们为了获得更多的需要，努力使自己更进步。可是细心的求职者却发现，成为受欢迎的人不但可以减少更多阻力，而且在相同的条件下总能获得更多机会。因此，让人们需要你而且喜欢你，这是使自己畅销的最好策略也是唯一的策略。

第四章　厉害的人都是谋势高手

　　看有些人不显山不露水，数年之后竟好运连连、功成名就；而更多的人忙忙碌碌、东奔西跑，却一直没有出头的日子。这其中的差别无非在于：前者重"谋势"，而后者谋的只是"事"。谋势者，善于辨势、预势、造势、乘势、借势、蓄势，力之所至，势如破竹；谋事者拘于琐事，难免"一叶障目，不见泰山"，得到的往往只是眼前的微利，却可能损失了将来的厚报。

顺时者昌，乘势者旺

　　战国时期，鲁国有一个施姓人家，他有两个儿子，一个喜好学问，一个则喜好作战。喜好学问的那个儿子，用他所学去齐国游说，齐国君主让他做了公子们的老师；喜好作战的那个儿子，用他所学去楚国游说，楚国的君主让他做了军官。这样一来，施家便因此而发迹了。

　　施家的邻居姓孟，也有两个儿子，同样也是一个习文，一个习武，但孟家很贫困。孟家见施家一下变得很富有，非常羡慕，便去施家请教致富的经验。施家便把两个儿子出外游说而做官的事，原原本本地告诉了孟家。

　　孟家习文的儿子用他所学，向秦国君主大讲仁义治国的道理，秦王不满地说："寡人如果采纳你说的仁义治国，必遭灭亡！因为当今各国都是采用武力竞争，所专心做的不过是足食足兵而已。"秦王一气之下，下令对他行刑，然后放了他。孟家习武的儿子，用他所学向卫国君主游说。卫王对他说："卫国只是一个弱小的国家，夹在几个大国之中求生存，不得不服从大国，安抚小国，以保平安无事。寡人如果采纳你的以武力谋胜的办法，卫国很快就会灭亡。"卫王心想，如果就这样放这个人回去，他必定还会去别国游说武力竞争之事，将对我国造成严重威胁，于是下令砍断他的脚，送回鲁国。

　　孟家见两个儿子的遭遇，不但没有致富反而受害，一家人气得捶胸顿足。于是，孟家非常气愤地找到施家，又哭又闹，大加责备。施家心平气和地解释道："我们两家一直和睦相处，你们有难，我们很能理解和同情。不过，这件事呢，应当总结教训才是。这中间包含了深刻的道理：'不管什么样的人，凡是他的行为符合时宜者就会昌盛，违背时宜者就会危亡。'就我们两家来说吧，所学和做法都是一样的，为什么结果却完全相反呢？并不是由于你们的行为和做法不对，而是因为违背了时宜。天下的道理没有绝对正确的，也没有绝对错误的。过去所用的道理，现在也许认为过时而不适用；现在要舍弃的，也许将来又要用它。这种用与不用，没有一定的是非和准则。看准机会，迎合时机，并没有固定的方式，必须要靠聪明机智。否则，纵使有像孔子那样的博学，像吕尚那样的谋略，不合时宜，到什么地方都摆脱不了穷困！"孟家父子听了，才恍然大悟，逐渐消除了对施家的怨恨。

同一种做法，结果却相反，这是经常有的事。因为迎合了时宜而得到了昌盛，是施家的做法，孟家的做法由于违背了时宜，反遭祸害。前者做事有针对性，即找准了对象，根据对象目前的实际情况以所学去迎合，目的性明确，自然会产生好的结果；后者做事缺乏针对性，不符合对象的实际情况，甚至还让人产生抵触，当然会带来不好的结果。

这说明了一切想法和策略都应当从实际的观点出发，具体情况应作具体分析，切不可生搬硬套。同时，也必须使言语和行动顺应时代大势，识时务、合时宜，紧扣时代的脉搏，才能更恰当地施展聪明才智，否则将会带来很大的危害。这就是人们常说的实事求是，说穿了也就是顺应时势。

龙无云则成虫，虎无风则类犬。龙虎的威风，离不开"势"的帮衬。

乘势而行，大事可成

形势赐予我们的机遇往往具有决定性的成功因素。一个人纵然有通天本领，如果处于一个万马齐喑的时代，他也不可能有太大的作为。好的形势则犹如东风，此时乘势而行就犹如顺风扬帆，可以事半功倍。所以，把握自己的命运，关键是要顺应形势、趋利避害，才有可能做一个把握时代的弄潮儿。

很多年以前，美国国民银行和芝加哥信托公司主管贷款的副行长鲍尔·雷蒙就给他的银行顾客提供了一种服务：他送给顾客一本杜威的书《经济循环》。这本书使顾客中有许多人都创造了财富，因为这些顾客学会和理解了商业循环和趋势的理论。其中有些人虽然未能创造新的财富，却能保证本钱，不管经济趋势如何变化，他们最终都没有损失已经获得的财富。担任经济循环研究基金会主任多年的杜威指出：每一种活的肌体，无论它是个人、事业或国家，都会逐渐成熟，逐渐发展，然后死亡；由此，不管经济循环和趋势如何，作为一个个体，只有乘势而行方能够做出一番成就。顺应形势的发展，才能够成功地应付挑战。就你和你的利益而论，不管管理体制总体的趋势怎样，你可以用新的生活、新的血液、新的想法和新的行动去改变局部的趋势。

在中国古代博大深邃的思想宝库中，也曾有过"出世"与"人世"的争论，其核心重点是——有才能的人应该以何种方式来对待自己面临的时代。

得出的重要结论之一便是主张"顺道而行"，根据时代的性质来决定自己的行为方式。就连以"知其不可而为之"闻名的孔子也曾说过："天下有道则见，无道则隐"，"邦有道，则仕；邦无道，则可卷而怀之。"

当代中国人是幸运的，因为我们遇上了一个相对稳定的时代。特别是改革开放以来，整个社会都充满了对人才的渴望和呼唤。面对时代所提供的前所未有的机遇，有识之士终于可以"天下有道则见"了。许多人的命运出现了根本性的转变，创造出辉煌灿烂的人生。

发展进步的时代就是一个能为人的发展提供更多机遇的时代，它使人们能有更多的自由去选择、去改变自己的命运。

回顾古今名人的成长史，我们可以深切地体会到：没有时代所赐予的良机，没有乘势而动的胆量和气魄，就不会有辉煌的人生和事业成就。

飞蓬遇飘风而致千里，英雄乘大势而成大事。

看准就做，马上行动

有很多富有的大企业家并没有学过经济学，他们成功的关键就在于行动力强：一旦发现机遇，就能把机遇牢牢地抓在手中。在《英国十大首富成功的秘诀》一书里，作者分析当时英国顶尖首富的致富秘诀时指出："如果将他们的成功归结于深思熟虑的能力和高瞻远瞩的思想，那就失之片面了。他们真正的才能在于他们审时度势后付诸行动的速度，这才是他们最了不起的，这才是使他们出类拔萃，位居实业界最高、最难职位的原因。'看准就做，马上行动'是他们的座右铭。"

看清今天的局势、预测明天的趋势，这些都很要紧，但同样要紧的是付诸行动以顺应时势。人生本来就是要在不断行动中实现的。

千里之行，始于足下。对成功之路说一千道一万，最终还是归结于脚踏实地的行动。美国成功学家拿破仑·希尔说："在通向失败与绝望的路上，堆满了没有付诸行动来实现的梦想。"

美国演员乔治在决定提前退休去追求毕生梦想的表演事业之前，已在陆军服役长达 14 年。朋友和家人们听到他要离开生涯有保障的军职都说他疯了。他们提醒他只要再等 6 年，便可以领到全额的退休金。

有些人还指出，演员的生活奋斗不易，甚至说像他这种年纪还想成为电影明星简直就是做梦。不管成功的可能性有多少，也不顾其他人的建议如何，乔治还是勇敢地前往好莱坞。经过一段辛苦与忍耐，乔治终于实现了他的梦想。后来他又继续在一系列成功的电视剧和电影中担任角色，并因在电视连续剧中扮演的角色而荣获艾美奖。

著名的松下电器创始人松下幸之助也是一个知道并且做到了"乘势而行"的人。1910 年 10 月，松下幸之助进入一家电灯公司，担任一名安装室内电线的实习工。他在 7 年后辞职，自己开设工厂，制造电灯灯头，终于发展成为日本乃至全世界一流的家庭电器用品制造厂家。

出身贫寒的松下幸之助是怎样白手起家的呢？

日本明治维新以后，欧美各国新的交通工具与先进技术都逐渐进入日本，电车是其中最引人注意的交通工具之一。松下通过预测、推想和分析认为各线电车一旦完成通车，自行车的需要就会减少，将来这种行业不太乐观。相反，与电车相关的电气事业因为能满足人们的迫切需要，日后一定能兴盛起来。

由于具有敏锐感和对商业发展趋势方向的正确预测，松下才能不被过去与现在的事务所羁绊，才能随时随地表现出决断能力来。这便是松下幸之助成功的重要因素之一。

于是，松下幸之助毅然辞去了人人羡慕的自行车店的工作，来到大阪电灯公司当一名内线实习工。尽管他对电的知识一窍不通，但由于这是他兴趣所在，所以学起来得心应手，很快便掌握了安装和处理技术，成为熟练的独立技工。由于工作出色，1911 年，松下晋升为工程负责人。

在工作中，松下改良并试制出了一种新产品，而上司却对此态度冷淡，松下为自己的发明遭到冷落感到惋惜和不服，产生了挫折感。他感觉到，即使在自己向往的电灯公司工作，也不能使自己的志向和才能得到充分施展，唯一的办法就是另立门户自己创业。于是他在大阪市一个地方租了一间不足 10 平方米的房间，开办了一家小作坊，职工共有 5 人，包括松下夫妇及弟弟井植岁男（后成为三洋电机公司的创始人），产品便是松下发明的新式电灯插口。这就是闻名全球的松下电器公司的雏形。

工厂成立后，松下面临的却是失败。1917 年 10 月，电灯插口制作成功，但 10 天内仅卖出 100 个，营业额不足 10 日元，不仅没有盈利，连本钱都赔光了。全家只能靠典当物品艰难度日。

但松下并没有被眼前的困难吓倒，因为他相信，自己的努力一定能带来真正有价值的东西。同年年底，机会来了，川比电气电风扇厂让松下替该厂试制 1000 个电风扇绝缘底盘。这对困境中的松下来说如同久旱逢甘霖。松下反复试验，解决了技术难题，与妻子、弟弟一起日夜奋战，在年关迫近时如期交了货，且质量博得好评。结果，松下在年底获得了 80 日元的盈利，这是他赚取的人生第一笔盈利。

1918 年 3 月，松下幸之助在大阪市北区西野田成立松下电气器具制作所，从而迈出了他创业生涯中成功的第一步。经过数十年的艰苦经营，松下终于使自己的企业成为以生产电子产品为主的国际性庞大的企业集团。公司规模在日本仅次于丰田与日立两个公司，拥有职工约数十万人，资产在几百亿美元。

从松下幸之助由白手起家到变成了富可敌国的企业家的经历可以看出，顺应局势的事大可放手去做，尽管其中可能会遇到许多困难，但时代洪流却是不可阻挡的，付出最终必有收获。所以只要是认准的事，就别再犹豫，朝着成功的理想执著追求吧！

风不会总是朝一个方向吹，潮水也不可能一直涨下去。趁有风的时候，放飞你的风筝；趁涨潮的时候，把船推入大海。

如果我们已经明势，从"势"看到了机会的骏马，那么就赶快骑上马背吧。机会如时间一样，似白驹过隙般迅速出现又会迅速消失。失去的机会，永远不可能再得到了，这就像人不能两次踏入同一条河流一样。

从某种意义上说，个人智慧的确不如时势造英雄，工具优良也的确不如时机重要。所以，很多人怨天尤人，认为自己怀才不遇，实际上是自己还没有学会乘势待时、抓住时机。可以用田径赛中的起跑为例。如果你错过了起跑的口令，老是慢半拍才回过神来，这就是没有抓住时机，自然会影响你的成绩，肯定要被别人甩在后面。但是，如果你投机取巧，抢在口令发出之前起跑，那你就不仅没有抓住时机，反而还犯了规，就有被取消比赛成绩的危险了。

识时务者为俊杰，因此，真正要乘势待进，还是离不开智慧。有智慧才能正确分析各方面错综复杂的情况，作出决断，抓准时机，收到事半功倍的效果。相反，则很难做到这一点，往往让时机从自己的身旁悄悄溜走而不知晓。就像有人所说："许多人对于时机就如小孩子们在岸边所做的一样，他们的小手盛满砂粒，又让那些砂粒漏下去，一粒粒地落下以至于尽。"

在日益健全而又成熟的市场经济秩序下，市场犹如一局局简单明了而又变化万千的棋局，局局如新。只有摸准了时势的脉搏，踩对了时势的节拍，才能做到顺应潮流。机遇的问题越来越突出地摆在大家面前。如何乘势待时，抓住机遇，当然也就越来越引起人们的重视。

静候良机，一招制敌

有时，耐心等待时机对于乘势是非常重要的。

战国时，安陵君是楚王的宠臣。有一天，江乙对安陵君说："您没有一点土地，宫中又没有骨肉至亲，然而身居高位，接受优厚的俸禄，国人见了您无不整衣下拜，无人不愿接受您的指令为您效劳，这是为什么呢？"

安陵君说："这不过是大王过高地抬举我罢了。不然哪能这样！"

江乙便指出："用钱财相交的朋友，钱财一旦用尽，交情也就断绝；靠美色交结的朋友，色衰则情移。因此狐媚的女子不等卧席磨破，就遭遗弃；得宠的臣子不等车子坐坏，已被驱逐。如今您掌握楚国大权，却没有办法和大王深交，我暗自替您着急，觉得您处于危险之中。"

安陵君一听，恍如大梦初醒，方知自己其实正处于一个非常危险的境地。他恭恭敬敬地拜请江乙："既然这样，请先生指点迷津。"

"希望您一定要找个机会对大王说，愿随大王一起死，以身为大王殉葬。如果您这样说了，必能长久地保住权位。"

安陵君说："我谨依先生之见。"

但是又过了三年，安陵君依然没对楚王提起这句话。江乙为此又去见安陵君："我对您说的那些话，至今您也不去说，既然您不用我的计谋，我就不敢再见您的面了。"

言罢就要告辞。安陵君急忙挽留，说：

"我怎敢忘却先生教诲，只是一时还没有合适的机会。"

又过了几个月，时机终于来临了。这时候楚王到云梦去打猎，1000多辆奔驰的马车连接不断，旌旗蔽日，野火如霞，声威十分壮观。

这时一条狂怒的野牛顺着车轮的轨迹跑过来，楚王拉弓射箭，一箭正中牛头，把野牛射死。百官和护卫欢声雷动，齐声称赞。楚王抽出带牦牛尾的旗帜，用旗杆按住牛头，仰天大笑道：

"痛快啊！今天的游猎，寡人何等快活！待我万岁千秋以后，你们谁能和我共有今天的快乐呢？"

这时安陵君泪流满面匍匐在地上说："我进宫后就与大王共席共座，到外面我就陪伴大王乘车。如果大王万岁千秋之后，我希望随大王奔赴黄泉，变做褥草为大王阻挡蝼蚁，哪有比这种快乐更宽慰的事情呢？"

楚王闻听此言，深受感动，正式设坛封他为安陵君，安陵君自此更得楚王宠信。

后来人们听到这事都说："江乙可说是善于谋势，安陵君可说是善于等待时机。"

等待时机的来临需要充分的耐心。这个过程也是积极准备、等待条件成熟的过程。不过，等待时机绝不等于坐视不动。《淮南子·道应》云："事者应变而动，变生于时，故知时者无常行。"

尽管江乙眼光锐利，料事如神，毕竟事情的发展不会像人们设想的那样顺利和平静，而安陵君过人之处则在于他有充分的耐心，等候楚王欣喜而又伤感的那个时刻，这时安陵君的表白，才无疑是雪中送炭，温暖君心，因此也改变了险境，保住了长久的宠臣地位和荣华富贵。

机会是给有准备、有眼光的人准备的。

适可而止，见好便收

　　有福不可享尽，有势不可用尽。世事如浮云，瞬息万变。不过，世事的变化并非无章可循，而是穷极则返，循环往复。《周易·复卦·彖辞》中说："复，其见天地之乎！""日盈则昃，月盈则食"，中国人从周而复始的自然变化中得到心灵的启示："无平不陂，无往不复"，老子要言不烦地概括为："反者道之动。"人生变故，犹如环流，事盛则衰，物极必反。生活既然如此，安身立命应处处讲究恰当的分寸。过犹不及，不及是大错，太过是大恶，恰到好处的才是不偏不倚的中和。基于这种认识，中国人在这方面表现出高超的为人艺术。常言说："做人不要做绝，说话不要说尽。"凡事留一线，日后好见面。凡事都能留有余地，方可避免走向极端。特别是在权衡进退得失的时候，务必注意适可而止，尽量做到见好就收。

　　一个聪明的女人懂得适度地打扮自己，一个成熟的男子知道恰当地表现自己。美酒饮到微醉处，好花看到半开时。明人许相卿说："'富贵怕见花开'。此语殊有意味。言已开则谢，适可喜正可惧。"做人要有一种自知之明的心境，得意时莫忘回头，着手处当留余步。此所谓"知足常足，终身不辱，知止常止，终身不耻"。宋人李若拙因仕海沉浮，作《五知先生传》，谓安身立命，当知时、知难、知命、知退、知足，后来的人们以为这才是智见。反其道而行，结果必适得其反。

　　君子好名，小人爱利，人一旦为名利驱使，往往身不由己，只知进，不知退。尤其在古代，不懂得适可而止，见好便收，无疑是临渊纵马。封建君王，大多数可与同患，难与处安。做臣下的在大名之下，难以久居。故老子早就有言在先："功成，名遂，身退。"范蠡乘舟浮海，得以终身；文种不听劝告，饮剑自尽。此二人，足以令中国历史臣宦者为戒。不过，人的不幸往往就在于"不识庐山真面目"。

任何人都不可能一生总是春风得意。人生最风光、最美妙的时刻也是最短暂的时光。花无百日红，人无千日好。就像搓牌一样，一个人不能总是得手，一副好牌之后可能就是坏牌的开始。所以，见好就收便是更大的赢家。世故如此，人情也是一样。与人相交，不论是同性知己还是异性朋友，都要有适可而止的心情。君子之交淡如水，既可避免势尽人疏、利尽人散的结局，同时友谊也只有在平淡中方能见出真情。越是形影不离的朋友越容易反目成仇。受恩深处宜先退，得意浓时便可休。即使是恩爱夫妻，天长日久的耳鬓厮磨，也会有爱老情衰的一天。北宋词人秦少游所谓"两情若是长久时，又岂在朝朝暮暮"，这不止是劳燕分飞的两地分居夫妻之心理安慰，更应成为终日厮守的男女情侣之醒世忠告。

乐不可极，乐极生悲；欲不可纵，纵欲成灾。乐极生悲一语几乎妇孺皆知，但一般人对它的理解，往往因快乐过度而忘乎所以、头脑发热、动止失距，结果不慎发生意外，惹祸上身，化喜为悲。凡读过王羲之的《兰亭集序》的，大致上可以领悟乐极生悲的含义。在崇山峻岭、茂林修竹的雅致环境里，众贤毕至，高朋会聚，曲水流觞，咏叙幽情，这是何等快乐！王羲之欣然记道："是日也，天朗气晴，惠风和畅。仰观宇宙之大，俯察品类之盛，所以游目骋怀，足以极视听之娱，信可乐也。"但是，就在"快然自足，不知老之将至"之时，突然使人产生了万物"修短随化，终期于尽"的悲哀，于是情绪一转："及其所之既倦，情随事迁，感慨系之矣！向之所欣，俯仰之间，已为陈迹，犹不能不以之兴怀。"这是真正的乐极生悲。

类似的心情变化还可以在苏东坡的《前赤壁赋》中进一步得到印证。苏东坡与客泛舟江上，"饮酒乐甚，扣舷而歌"，这本来是很快活的，偏偏乐极生悲，"客有吹洞箫者，倚歌而和之"，其声偏偏又呜呜然。"如怨如慕，如泣如诉"，这八个字真是把一个人由乐转悲之后的难言心境写绝。饮酒本是一件乐事，但多愁善感的人饮酒，往往会见物生情，情到深处反添恨。正如司马迁所说："酒极则乱，乐极生悲，万事尽然。"

乐极生悲概括地讲，是一个人对生命的热爱和留恋而生出的惘然和悲哀；详情而言，是一个人对生活中好花不常开，好景难常在的无奈和惆怅。人的情绪很难停驻在静止的状态，人对世事盛衰兴亡的更替习以为常之后，心境喜怒哀乐的轮回变换也成为自然，人在纵情寻乐之后，随之而来的往往是莫名其妙的空虚伤怀，推之不去避之不开，因为欢乐和惆怅本来就首尾并列。所以庄子在"欣欣然而乐"之后感叹："乐未毕也，哀又继之。"人只有在生命的愉悦中才能体会真正的悲哀。真正的丧亲之痛，不在丧亲之时，而在合家欢宴，或睹旧物思亡人的那一瞬间。人在悲中不知悲，痛定思痛是真痛。

在生活悲欢离合、喜怒哀乐的起承转合过程中，人应随时随地、恰如其分地选择适合自己的位置。孔子说："贵在时中！"时就是随时，中就是中和。所谓时中，就是顺时而变，恰到好处。正如孟子所说的："可以仕则仕，可以止则止，可以久则久，可以速则速"。鉴于人的情感和欲望常常盲目变化的特点，讲究时中，就是要注意适可而止，见好就收。

一个人是否成熟的标志之一是看他会不会退而求其次。退而求其次并不是懦弱畏难。当人生进程的某一方面遇到难以逾越的阻碍时，善于权变通达，能屈能伸，心情愉快地选择一个更适合自己的目标去追求，事实上这也是一种进取，是一种更踏实可行的以屈为伸，以退为进。力所能进，否则退，量力而行。不自量力是安身立命的大敌。当一个人在一种境地中感到力不从心的时候，退一步反而会海阔天空。

势一旦用尽，便成了强弩之末，栽倒在地成为必然。适可而止，见好便收，这是历代智者的忠告，更是安身立命的哲学。

乐不可极，乐极生悲；欲不可纵，纵欲成灾。适可而止，见好要收。

北宋名臣薛居正论势

幸运的是，北宋初期的名臣薛居正对"势"有很深的研究和心得，他把看似玄奥难解的"势"作了通俗实用的论述与解析，其抽丝剥茧的功力和化繁为简的智慧，令今人也为之赞叹。

薛官至宰相，在宰相位上坐了十八年，一直是皇上非常相信的人。薛居正曾写《势胜学》，告诉有权者如何行权、无权者如何取势、富贵者如何守业、贫贱者如何进取。尽管因为社会格局的不同，他的一些见解未必现在仍然适用，但以"势"的角度作解却是独到的，其价值自然是有实际意义的，对今人的启发也是不可替代的。

成大事者不能只依靠自己的才智和能力，更重要的还是要强化自己的思维能力，放眼全局，掌控大局，如此才不会出现大的失误。细节决定成败，大势决定生死，正如《势胜学》中所言："不知势，无以为人也。"

我们普通人的生活更易受到"势"的影响和左右，倘若处置不当，只会更加艰难。良好的生存环境需要去开辟，有效的生存技巧需要去挖掘，而做好这一切的首要前提，便是《势胜学》所倡导的"未明之势，不可臆也。彰显之势，不可逆耳"。

《势胜学》一书给予强者的是如虎添翼，给予弱者的是雪中送炭，它不仅是制胜的理念，更是如何制胜的行动指南。这实在是给人一个大视野，前所未有，人们可以借此审视社会与人生，更容易看清真相和感知真谛，从而走出误区，不断取得事业上的成功。

下面，我们引用薛居正之《势胜学》全文，同时用白话翻译，以帮助读者多角度、全方位更深入地理解"势"的作用以及"谋势"的重要。

势胜学

——薛居正

不知势，无以为人也。势易而未觉，必败焉。

察其智，莫如观其势。信其言，莫如审其心。人无识，难明也。君子之势，滞而不坠。小人之势，强而必衰。心不生恶，道未绝也。

未明之势，不可臆也。彰显之势，不可逆耳。

无势不尊，无智非达。迫人匪力，悦人必曲。

受于天，人难及也。求于贤，人难谤也。修于身，人难惑也。

奉上不以势。驱众莫以慈。正心勿以恕。

亲不言疏，忍焉。疏不言亲，慎焉。

贵贱之别，势也。用势者贵，用奸者贱。

势不凌民，民畏其廉。势不慢士，士畏其诚。势不背友，友畏其情。

下不敬上，上必失焉。上不疑下，下必逊焉。不为势，在势也。

无形无失，势之极也。无德无名，人之初也。

缺者，人难改也。智者，人难弃也。命者。人难背也。

借于强，谀不可厌。借于弱，予不可吝。人足自足焉。

君子怜弱，不减其德。小人倚强，不增其威。时易情不可改，境换心不可恣矣。

天生势，势生杰。人成事，事成名。

奸不主势，讨其罪也。懦不成势，攻其弱也。恶不长势，避其锋也。

善者不怨势劣，尽心也。不善者无善行，惜力也。察人而明势焉。

不执一端，堪避其险也。不计仇怨，堪谋其事也。

势者，利也。人者，俗也。

世不公，人乃附。上多伪，下乃媚。义不张，情乃贱。

卑者侍尊，莫与其机。怨者行险，仁人远避。不附一人，其祸少焉。

君子自强，惟患不立也。小人自贱，惟患无依也。

无心则无得也。无谋则无成也。

困多生恨，其情乃振。厄多生智，其性乃和。无困无厄，后必困厄也。

贱者无助，必倚贵也。士者无逊，必随俗也。勇者无惧，必抑情也。

守礼莫求势。礼束人也。喜躁勿求功，躁乱心矣。

德有失而后势无存也。心有易而后行无善也。

善人善功，恶人恶绩。善念善存，恶念恶运。以恶敌善，亡焉。

人贱不可轻也。特贵不可重也。神远不可疏也。

势有终，早备也。人有难，不溃也。

作者简介

薛居正，北宋初期名臣。他行为纯正，生活俭朴，做宰相时简易宽容，不喜欢苛刻地考察，士大夫因此称道他。他从参政到做宰相，共十八年，始终没有失掉皇上的恩遇。

翻译：

不知道事物发展的趋势，就无法做一个有为的人。形势若有变而不能及时察觉，事情一定会失败。

考察一个人的智慧，不如观察他的发展趋势；相信一个人的言辞，不如审视他的内心。人若没有见识，就不会保持明智。君子的发展趋向，虽有滞碍但不会沉沦；小人的发展趋向，即使强大终究必会衰败。心里不生恶念，前途就会充满希望。

不明朗的形势，不可以主观臆断。非常明显的形势，不可以违拗它。

没有声势就谈不上尊贵，没有智慧就谈不上通达事理。逼迫人不能靠蛮力，取悦人一定要委婉表达。

受命于天，他人就难以和自己相比了。向贤人求助，他人就难以毁谤了。加强自身的修养，就难以被他人迷惑了。

侍奉上司不要凭借自己的势力。驱使众人不要一味仁慈。若使内心纯洁，就不要采取宽恕自己的态度。

对亲人不可说疏远的话，要保持忍让。对不亲近的人不可说心里话，要特别谨慎小心。

富贵与贫贱的区别，在于是否拥有权势和地位。使用权力的人尊贵，使用奸计的人卑贱。

有了权势不能欺凌百姓，百姓敬畏的是公正廉洁。有了权势不能怠慢读书人，读书人敬畏的是真诚无欺。有了权势不能背弃朋友，朋友敬畏的是情感如一。

下属不敬重上司，上司一定是有所缺失的。上司不猜疑下属，下属一定要保持恭顺。不轻易使用权势，这才是真正的权势。

没有外在的形式，没有失策疏漏，这是权势达到顶峰的标志。没有仁德之念，没有名望之求，这是人的原始心态。

天生的缺陷，仅靠自身的努力难以改变。人生的智慧，任何人都难以舍弃。自然的天命，个人的力量难以违背。

向强者借势，虽奉承却不可厌烦。向弱者借势，虽给予却不可吝啬。使他人满足，自己才会如愿。

君子同情弱者，不会减损他的品德。小人欺凌弱者，并不会增加他的威风。岁月变化，真情不可以改变。环境变了，意念心思却不可放纵。

上天造就时势，时势造就豪杰。人成就事业，事业成就人的名望。

奸诈不能主导形势，要讨伐他的罪过。怯懦成就不了大势，要攻击他的弱处。凶恶不会增长势力，要躲避他的锋芒。

善良的人不会抱怨形势恶劣，他们只会费尽心思去努力。不善良的人不去做善事，他们只吝惜自己的力气。观察人的作为就可知晓结果如何了。

不固守一种看法，才可以规避风险；不计较仇怨，才可以谋划大事。

权势，能给人带来利益。人们，多是喜欢世俗的。

世道不公平，人们才会依附他人。上司多是虚伪的，下属才会献媚。正义得不到伸张，情谊才会遭人轻视。

地位低的人侍奉地位高的人，不要参与其机密之事。心怀怨恨的人做凶险的事，有德行的人应该远远避开。依附之人不要固定在一个人身上，这样祸患就可减少了。

君子自己努力向上，他们只担心不能自立。小人自己轻视自己，他们只担心没有依靠。

没有思想就没有获得。没有谋略就不会成功。

穷困久了就会产生恨意，如此感表才能振作。困厄多了就会催生智慧，如此性情才会平和。没有困厄的经历，后来是要补上的。

地位低若无人扶持，必定要倚仗地位高的人。读书人若不知谦逊，必定会献媚世俗。勇敢者能无所畏惧，必定会抑制过激的情绪。

严守礼节不能诌媚权势，礼节应使人受到束缚。性情急躁不可能取得功名，急躁使人心绪纷乱。

先有道德的缺失，后有势力的消亡。先有思想的变化，后有不良的行为。

用好人能建功立业，用坏人能导致恶果。好的想法使人平安，坏的想法使人遭恶。用邪恶来对抗正义，一定会灭亡。

地位低下的人不可以轻视。珍贵的物品不可以重视。远处的神灵不可以疏远。

势力有终了的时候，要早作准备。人都要经历苦难，精神不能崩溃。

第五章 厉害的人从不轻易言败

我不怕千万人阻挡，只怕自己投降。逆风的方向，更适合飞翔。

失败不可怕，失败只是暂时没有成功而已。历史上，有很多建功立业的人，都是屡败屡战。任何人，只要不轻易言败，就有机会克服困难，到达成功的彼岸。

握紧双手绝对不放，就算失望不能绝望！

坚韧不拔总会成功

美国杰出的鸟类学家奥杜邦在森林中刻苦工作了许多年。一次，在他度假回来时，发现自己精心创作的 200 多幅极具科学价值的鸟类绘画都被老鼠糟蹋了。回忆起这段经历，他说："强烈的悲伤几乎穿透我的整个大脑，我接连几个星期都在发烧。"但过了一段时间后，他的身体和精神都得到了一定的恢复。他又重新拿起枪，拿起背包和笔，重新走进了森林深处。

无论一个人有多聪明，如果没有坚韧不拔的品质，他既不会从一个群体中脱颖而出，也不会取得任何成功。许多人本可以成为杰出的音乐家、艺术家、教师、律师或医生，但就是因为缺乏这种杰出的品质，最终一事无成。

在安徒生很小的时候，当鞋匠的父亲就过世了，留下他和母亲二人过着贫困的日子。

一天，他和一群小孩儿获邀到皇宫里去晋见王子，请求赏赐。他满怀希望地唱歌、朗诵剧本，希望他的表现能获得王子的赞赏。

等到表演完后，王子和蔼地问他："你有什么需要我帮助的吗？"

安徒生自信地说："我想写剧本，并在皇家剧院演出。"

王子把眼前这个有着小丑般的大鼻子和一双忧郁眼神的笨拙男孩儿从头到脚看了一遍，对他说："背诵剧本是一回事，写剧本又是另外一回事，我劝你还是去学一项有用的手艺吧！"

但是，怀抱梦想的安徒生回家后，并没有去学糊口的手艺，却打破了他的存钱罐，向妈妈道别，动身到哥本哈根去追寻他的梦想。他在哥本哈根流浪，敲过所有哥本哈根贵族家的门，并没有人理会他，但他从未想到要退却。他一直在写作史诗和爱情小说，却未能引起人们的注意，尽管他很伤心，却仍然以坚韧不拔的毅力坚持着写作。

1825年。安徒生随意写的几篇童话故事，出乎意料地引起了儿童们的争相阅读，许多读者渴望他的新作品的发表，这一年，他30岁。

直至今日，《国王的新衣》《丑小鸭》等许多安徒生所写的童话故事，仍陪伴着世界上许多的儿童健康茁壮地成长着。

无论环境如何艰难困苦，我们都不要向困难低头，而要坚韧不拔地坚持下去。沙地虽然贫瘠干燥，绿色的仙人掌却还是挺直身躯，让自己开出了鲜艳的花儿。水滴石穿、绳锯木断，是坚韧不拔地坚持的结果。坚持，既是人类的精神品格，更是成就大事的诀窍。生活既不是苦难，也不是享乐，而是我们应当为之奋斗，并坚韧不拔地坚持到底。

可以说，坚韧不拔的斗志是所有成功者的共同特征，他们也许在其他方面有缺陷和弱点，但坚韧不拔的斗志是他们身上所不可或缺的。无论他的处境怎样，无论他怎样失望，无论任何苦难都不会使他颓丧，任何困难都不会打倒他，任何不幸和悲伤都不能摧毁他。过人的才华和聪明的天赋，都不如坚持不懈的努力更有助于造就一个成功者。在生活中，最终能取得胜利的是那些坚持到底的人，而不是那些认为自己是天才的人。但是，很少能有人完全理解这一点：杰出的成就源于坚韧不拔的斗志和不懈的努力。

一次面试时，只有中专文凭的王福和许多大学生一同去应聘。然而面试者却要求他等到所有人都面试后，才叫他进去。

王福没办法，抱着一线希望在大厅里等待着，快12点了，看样子还得等四个小时，许多人都饿得无精打采，但又都不愿意离开，怕错过面试的机会。

这可是个赚钱的机会，王福的脑海里闪过一丝兴奋，他赶忙跑到1公里之外唯一的一间快餐店，倾其身上所有的钱，以4元一盒的价格订做了60盒盒饭。回到大厅，不消一刻钟的时间，盒饭就全部卖完，王福净赚了180多元钱。

下午4点多，王福终于等到了面试的机会，被叫进了办公室。迎接他的是微笑的经理："小伙子，我已经决定破格录用你了。"

王福傻乎乎地问："可是，我没有大专文凭啊！"

"可你的精神感动了我。面对那么多应聘的大学生，你能从上午8点坚持到下午4点，说明你对自己充满信心。你中午卖盒饭，说明你挺有头脑。我们需要的就是你这种善于抓住市场的人才，而不是人手。好好干吧"经理说。

一个人的成功需要很多因素，在你无法改变外力的时候，你该想想自己还能做点什么。首先，你还有很多机会，你应该充满自信，其次，既然我能做，我一定会做得最好。

坚韧不拔的斗志，既是一种力量，又是一种魅力，它能使别人更加信赖自己，每个人都会信任那些有魄力的人。实际上，当他决心做这件事情时，就已经成功了一半，因为人们都相信他会实现自己的目标。对于一个不畏艰难、一往无前、勇于承担责任的人，人们都知道无论怎样反对他或打击他，都是徒劳的。

坚忍不拔的人从不会停下来想想他到底能不能成功，他唯一要考虑的问题就是如何前进，如何走得更远，如何接近目标。无论途中有高山、有河流还是有沼泽，他都会去攀登、去穿越，而所有其他方面的考虑，都是为了实现这个终极的目标。

只要你拿出顽强的毅力，持之以恒，坚韧不拔地坚持到底，事业的成功将成为一种必然。

再试一次的奇迹

在西部淘金的热潮中，家住马里兰州的迈克和他叔叔一起到遥远的美国西部去淘金，他们手握鹤嘴镐和铁锹不停地挖掘，几个星期后，终于惊喜地发现了金灿灿的矿石。于是，他们悄悄地将矿井掩盖起来，回到家乡的威廉堡，筹集大笔的资金购买采矿设备。不久，他们的淘金事业便如火如荼地开始了。当采掘的首批矿石运往冶炼厂时，专家们断定，他们遇到的可能是美国西部罗拉地区藏量最大的金矿之一。迈克仅仅只用了几车矿石，便很快将所有的投资全部收回。

让迈克万万没有料到的是，正当他们的希望在不断膨胀的时候，奇怪的事儿发生了：金矿的矿脉突然消失！尽管他们继续拼命地钻探，试图重新找到金矿石，但一切终归徒劳，好像上帝有意要和迈克开一个巨大的玩笑，让他的美梦成为泡影。万般无奈之际，他们不得不忍痛放弃了几乎要使他们成为新一代富豪的矿井。接着，他们将全套的机器设备卖给了当地一个收购废旧品的商人，带着满腹的遗憾回到了家乡威廉堡。

就在他们刚刚离开后的几天里，收废品的商人突发奇想，决计去那口废弃的矿井碰碰运气，为此，他还专门请来了一名采矿工程师。只做了一番简单的测算，工程师便指出，前一轮工程失败的原因，是由于业主不熟悉金矿的断层线。考察的结果表明，更大的矿脉距离迈克停止钻探的地方只有三英寸！

故事的结果是，迈克终其一生只是一名收入仅够养家的小农场主，而这位从事废品收购的小商人，终于成为西部的巨富。虽然付出了最大的努力，但迈克获取的却仅仅是罗拉地区最大金矿的一个小小支脉；收废品的商人虽然只花费了很小的代价，却通过一口废弃的矿井而成功地拥有了最大金矿的全部。这两种截然不同的命运背后，原本暗藏着一次完全相同的机遇。所不同的是，面对"失败"和"不可能"，迈克轻易放弃了，而收购废品的小商人却敢于再去尝试一次。

约翰逊于 1918 年出生在一个贫寒的家庭中。他曾在芝加哥大学和西北大学勤奋读书，由于他的刻苦钻研，最后获得了 16 个名誉学位。

约翰逊开始踏入商界是在芝加哥的优异人寿保险公司当杂役。现在，他已是这个公司集团的董事长，主管着好几个庞大的分公司。

1942 年，24 岁的约翰逊以抵押他母亲的家具得到的 500 美元贷款独自开办了一家出版公司。现在，这个出版公司已经成为美国的第二大黑人企业。1961 年，约翰逊开始经营书籍出版事业。到了 1973 年，他又扩展了业务，买下了芝加哥市的广播电台。

在谈到他的成功时，约翰逊谦逊而诚恳地说："我的母亲最初给了我很大的启发和鼓励，她相信并且常常对我说的是'也许你会勤奋地工作而一事无成。但是，如果你不去勤奋地工作，你就肯定不会有成就。所以，如果你想要成功的话，就得冒这个险！问题总是有办法解决的。要百折不挠、坚持不懈，要不断地去研究、去想办法'。"

他到芝加哥去上中学时，就开始为获得成功而奋斗了。"我没有朋友，没有钱，由于穿的是家里自制的衣服而被人讥笑。我说话有很重的南方口音，小朋友们常拿我的罗圈腿取笑我。所以，我不得不用一种办法在他们面前争口气，而且我只能采取这样一种办法——做一个成绩优异的学生。"

1943 年，当美国的《黑人文摘》刚开始创刊时，前景并不被人们所看好。约翰逊为了扩大该杂志的发行量，积极地准备做一些宣传。他决定组织撰写一系列"假如我是黑人"的文章，请白人把自己放在黑人的地位上，严肃地看待这个种族问题。他想，如果能请罗斯福总统的夫人埃莉诺来写这样的一篇文章，是最好不过的了。于是，约翰逊便给她写了一封非常诚恳的信。

罗斯福夫人回信说，她太忙，没时间写。但是，约翰逊并没有因此而气馁，他又给她写了一封信，但她回信还是说她很忙。此后，每隔半个月，约翰逊就会准时给罗斯福夫人写去一封信，言辞也愈加恳切。

不久，罗斯福夫人便因公事来到了约翰逊所在的城市芝加哥，并准备逗留两日。得此消息后，约翰逊喜出望外，立即给总统夫人发了一份电报，恳请她在芝加哥逗留的这段时间里，给《黑人文摘》写一篇那样的文章。收到电报后，罗斯福夫人没有再拒绝。她觉得，无论自己多忙，她再也不能说"不"了。

罗斯福夫人的文章刊出后，在全国引起了轰动。结果，在一个月内，《黑人文摘》杂志的发行量由 2 万份增加到了 15 万份。后来，他又出版了一系列的黑人杂志，并开始经营书籍的出版、广播电台、妇女化妆品等事业，终于成为世界闻名的大富豪。

可以说，约翰逊的成功秘诀就是坚持不懈，他并不相信速战速决。"取得成功总得去努力，有时还要经过多次的失败。人们来到这里，看到我这里相当壮观的场面，都说：'嘿！你真走运。'我就提醒他们，我花了 30 年漫长艰苦的时间，才做到这个地步。我是在那家保险公司的一个小房间里起步的，然后搬到了一所像储煤巷一样的小屋子里。我一件事接一件事地干，最后才到了现在的地步，而不是一开始就是这样。我觉得，每个人都应该像一个长跑运动员那样，不断向前，千万不要半途而废。"

　　其实，很多人并不了解，在取得成功之前的奋斗过程中，可能会遇到许多挫折，面临许多令人沮丧的挑战。但成功的人在受到挫折时，并没有灰心丧气，止步不前。相反，他们从挫折中吸取经验教训，坚毅地向前，并坚持下去，更加努力地朝着目标奋进。

　　所有的奋斗目标都是在一点一点、一步一步地坚持的过程中实现的。因为取得进步需要时间，成功的过程也是缓慢的，所以获得成功有时得花长年累月的时间。成功者都懂得这个道理，在为取得成功而奋斗的过程中，容许自己克服挫折与失败，一步一步地前进。他们知道想要即刻如愿以偿地取得成功是不现实的，正确的态度是持续不断地去实践、去努力。

　　可以说，成功从来就不是一条风和日丽的坦途，面对每一次的挫折与失败，我们应该始终怀有"再试一次"的勇气与信心。也许，再试一次，成功就会不期而至！

做个偏执狂又何妨

一个人为实现某个目标，焦虑到一定程度时，就会成为偏执狂。对此，英特尔公司总裁安迪·葛洛夫曾说："唯有偏执狂才能成功！"因为，在成功之前，在还看不到希望的时刻，绝大多数人都陆陆续续地放弃了，偏执狂却不一样，作为成功的少数派，他们能够始终坚持他们的目标，不管经历多少风雨险阻，不离不弃，直到"后天的太阳"升起，收获一个灿烂的黎明。

肯德基的创始人桑德斯上校在 65 岁时还身无分文，孑然一身，当他拿到生平第一张救济金支票时，金额只有 105 美元，但他没有抱怨，而是自问自己："到底我对人们能做出什么贡献呢？我有什么可以回馈的呢？"

随之，他便思量起自己的所有，试图找出可为之处。头一个浮上他心头的答案是："很好，我拥有一份人人都会喜欢的炸鸡秘方，不知道餐馆要不要？我这么做是否划算？"

随即他又想到："要是我不仅卖这份炸鸡秘方，同时还教他们怎样才能炸得好，这会怎么样呢？如果餐馆的生意因此而提升的话，那又该如何呢？如果上门的顾客增加，且指名要点用炸鸡，或许餐馆会让我从其中抽成也说不定。"

好点子固然人人都会有，但桑德斯上校就跟大多数人不一样，他不但会想，而且还知道怎样付诸行动。随之他便开始挨家挨户的敲门，把想法告诉每家餐馆："我有一份上好的炸鸡秘方，如果你能采用，相信生意一定能够提升，而我希望能从增加的营业额里抽成。"

很多人都当面嘲笑他："得了罢，老家伙，若是有这么好的秘方，你干嘛还穿着这么可笑的白色服装?"这些话是否让桑德斯上校打退堂鼓呢? 丝毫没有，因为他还拥有天字第一号的成功秘诀，那就是执著，绝不轻言放弃。

于是，他驾着自己那辆又旧又破的老爷车，足迹遍及美国每一个角落。困了就和衣睡在后座，醒来逢人便诉说他的炸鸡配方。他为人示范所炸的鸡肉，经常就是他裹腹的餐点，往往匆匆便解决了一顿。

两年过去了，桑德斯上校近乎偏执的坚持终于为他换来了成功。在整整被拒绝了 1009 次之后，桑德斯上校听到了第一声"同意"，他的炸鸡配方终于被接受了。

或许偏执坚持的人，不一定都会有桑德斯上校最后那样好的结果，能够获得成功。但无论成功与否，有一点毋庸置疑，那就是：他们始终在不断争取、不断前进，向着目标切实努力着，也始终保持着继续坚持的勇气和永不妥协的执著。

一言以蔽之，偏执狂总是生活的强者。

比别人多付出一点

一个人，只要每天比别人付出多一点，就总会有意想不到的惊喜。

很多人都有过这样的经历：最后一趟班车总是在内心感到绝望的时候到来了。其实，做任何事情都是一样，坚持就是胜利，成功从来都不会让一个持之以恒的人空手而归。

一个农场主在巡视谷仓时不慎将一只名贵的金表遗失在打谷场里，他遍寻不获，便在农场门口贴了一张告示，如果人们肯帮忙，悬赏100美元。

人们面对重赏的诱惑，无不卖力的四处翻找，无奈场内谷粒成山，还有成捆的稻草，要想在其中找寻一块金表如同大海捞针。

人们忙到太阳下山也还没有找到金表，他们不是抱怨金表太小，就是抱怨打谷场太大、稻草太多，他们一个个放弃了100美元的诱惑。只有一个穿破衣的小孩子在众人离开后仍不死心，努力寻找，他已整整一天没吃饭，希望在天黑之前找到金表，解决一家人的吃饭困难。

天越来越黑，小孩在谷仓内坚持寻找，突然发现一切喧闹静下来后有一个奇特的声音"滴答、滴答"不停地响着，小孩顿时停止寻找。谷仓内更加安静，滴答声十分清晰。小孩寻声找到了金表，最终得到了100美元。

成功的法则其实很简单：就是比别人多付出一点。而成功者之所以稀有，是因为大多数人认为这些法则太简单了，而没有坚持。

　　是的，付出越多，机会越多。当你每多付出一点，就多了一次显示自己是否胜任和提升胜任力的机会。而胜任与否，有时候只差一点点。

　　当我们能坚持比别人多付出一点点，每天能让自己进步一点点时，很快，我们就能比很多人更胜任！

　　有两个乡下人 A 与 B，一起来到一座大城市，都选择了卖菜，都在一个市场上，菜摊儿还挨着。

　　可是几年以后，同样是卖菜，却卖出了天壤之别：A 成了蔬菜批菜商，手握 200 多万资金；B 则因生活难以为继，只好又回到了乡下。

　　是什么决定了他们的成与败呢？其实，他们之间的差别就在于每天的付出多一点与少一点。是的，就那么一点点，造成了他们的天壤之别。

　　每天卖菜时，A 卖菜人都要拿出一点点时间把黄菜叶子和烂根去掉，把菜弄得水灵灵的好看；B 卖菜人却从来没有理会过这一点儿，他认为菜怎么可能会没有黄叶子烂根呢！

　　每天卖菜时，A 卖菜人总会把菜摊儿收拾得规规矩矩，把菜码放得整整齐齐，让人看着就舒服；B 卖菜人则只把菜往地上一摊，爱怎样就怎样。

　　就这样，刚开始差距只是一点点，但长此以往的结果是，一起进城的两个人，一个在城里站稳了脚跟，一个只好回了乡下。

　　在职场上，许多人都没有明白这样一个道理，常常需要领导发脾气，需要单位出制度才能保持正常的工作心态和工作习惯。其实，你不应该让领导看到你的懒惰，而更多的是应学会主动地去加班，主动地去替公司思考。这样的付出习惯，虽然不能让一个职场人士马上出类拔萃，但却能马上让领导对你产生好感，会让领导认为你才是最优秀的员工。

每个人都应该学会勤奋，勤奋永远是一个制胜的法宝，在一个人的成功之路上，勤奋也扮演着一个非常重要的角色。在人生的道路上，记住两个字——勤奋。勤奋，再勤奋，每天多走一步，时间一长，你就会快人很多。

美国著名出版商乔治·W·齐兹12岁时便到费城一家书店当营业员，他工作勤奋，而且常常积极主动地做一些分外之事。他说："我并不仅仅只做我份内的工作，而是努力去做我力所能及的一切工作，并且是一心一意地去做。我想让我的老板承认，我是一个比他想象中更加有用的人。"

坦普尔顿指出：取得突出成就的人与取得中等成就的人几乎做了同样多的工作，他们所做出的努力差别很小，但其结果，在所取得的成就及成就的实质内容方面，却经常有天壤之别。这好比两个人参加马拉松比赛，在奔跑两个小时以后，都已经完成了42公里的赛程，还有不到200米，就将到达终点。当时的情况是，两人都十分劳累、难受。前者选择了放弃，而后者则坚持了下来。相对于他跑过的漫长路程，余下这一段短短的距离所具有的价值和意义是不言而喻的，没有这几步，此前的努力将变得毫无意义；有了这几步，他就成了一个征服马拉松的胜利者。取得中等成就的人只是少跑了几步，不幸地是，那是最有价值的几步。

成功是什么？成功是一种超越自己的渴望。成功就是别人付出十分的努力，而我们付出十一分的努力！其实，在这个世界上，天生的高手并不多，成功者只不过是比普通人多了一份勤奋刻苦和坚持不懈而已。

屡败屡战才是真英雄

　　一说起刘备，人们总是想到他成就了蜀汉的霸业，想到他三顾茅庐的惜才之举，想到桃园结义的袍泽之情。但事实上，刘备起自微末，贩卖草鞋出身，前期缺兵少将，与关羽张飞东奔西投，无容身之地。《三国志》中多次写到"先主败绩"，但也评价他"折而不挠"，特别是长坂坡一战，老婆丢了，孩子差点没了，一般人可能都不想活了，但刘备习惯吃败仗，他没有灰心丧气，而是派出诸葛亮赴东吴联吴抗曹，赤壁一战终于令他咸鱼翻身，奠定了三分天下的根基。可以这么说，48 岁之前，刘备上无片瓦、下无寸土，但他屡败屡战的英雄气概令他的对手都很敬佩，就连视天下如无物的一代枭雄曹操都说"天下英雄，惟使君与操耳！"

　　曾国藩在与太平天国的斗争中，曾经多次受挫，咸丰四年（1854）5 月兵败靖港时更是投水自裁。咸丰五年，石达开总攻湘军水营，烧毁湘军战船上百艘，曾国藩座船被俘，"公愤极，欲策马赴敌以死"。在写给皇帝的奏折中，他将"屡战屡败"改为"屡败屡战"，一字之差，立显人生境界，其中有一种不达目的不罢休的英雄气概，有一种"苟利国家生死以，岂因祸福避趋之"的铁肩道义，有一种誓清寰宇措民衽席的悲闵情怀。正因为他有这种屡败屡战的大无畏精神，最终领导湘军平定了洪杨之乱，成为万民景仰的"曾侯"，成为"中兴三名臣"之首。

　　逆境与机遇是并存的，失败与成功是并存的。一个人失败了并不要紧，关键是怎样对待。一个人失败了，要正确对待并能分析其客观原因，而不能沉溺在失败的痛苦中不能自拔，必须重新振作，抛掉所有的阴影，一心朝着目标努力向前。同时，机会总是留给有准备的人，不管我们遇到什么困难，不管我们现在的境况如何，我们都要善于捕捉机会，只有这样我们才可能会收获更多精彩和成功。即使失败了，也会收获经验。

把退路全部堵死

秦朝末年，各地人民纷纷举行起义，推立诸侯，反抗秦朝的暴虐统治。

秦国为了镇压起义，便派了三十万人马包围了赵国的巨鹿。赵王连夜向楚怀王求救。楚怀王派宋义为上将军，项羽为次将，带领二十万人马去救赵国。谁知宋义听说秦军势力强大，走到半路就停了下来，不再前进。军中没有粮食，士兵用蔬菜和杂豆煮了当饭吃，他也不管，只顾自己举行宴会，大吃大喝的。这一下可把项羽气坏啦。他杀了宋义，自己当了"假上将军"，带着部队去救赵国。

项羽先派出一支部队，切断了秦军运粮的道路；他亲自率领主力过漳河，解救巨鹿。

楚军全部渡过漳河以后，项羽让士兵们饱饱地吃了一顿饭，每人再带三天干粮，然后传下命令：把渡河的舟凿穿沉入河里，把做饭用的釜砸个粉碎，把附近的房屋放把火统统烧毁。这就叫破釜沉舟。项羽用这办法来表示他有进无退、一定要夺取胜利的决心。

楚军士兵见主帅的决心这么大，就谁也不打算再活着回去。在项羽亲自指挥下，他们以一当十，以十当百，拼死地向秦军冲杀过去，经过连续九次冲锋，把秦军打得大败。秦军的几个主将，有的被杀，有的当了俘虏，有的投了降。这一仗不但解了巨鹿之围，而且把秦军打得再也振作不起来，过两年，秦朝就灭亡了。

打这以后，项羽当上了真正的上将军，其他许多支军队都归他统帅和指挥，他的威名传遍了天下。

一个人在追求成功的道路上，在社会残酷的竞争环境下，也必须有破釜沉舟的精神才会获得大的成功。大多数成功人士之所以成功，都由于他们能够一心向着他所努力的目标前进。为了达成目标，他们能舍弃一切与他成功之路不相关的事物，眼光只锁定他的目标。不给自己留退路，让自己没有回旋的余地，方能竭尽全力，锐意进取，就算遇到千万困难，也不会退缩，因为回头也没有退路了，不如不顾一切的前进，还能找到一线希望。有了一种拼命或豁出去的信念，才能彻底消除心中的恐惧、犹豫、胆怯。当一个人不给自己任何退路的时候，他就什么都不怕了，勇气、信心、热忱等从心底油然而生，到最后自然"置之死地而后生"。

古希腊著名演说家戴摩西尼年轻的时候为了提高自己的演说能力，躲在一个地下室练习口才。由于耐不住寂寞，他时不时就想出去溜达溜达，心总也静不下来，练习的效果很差。无奈之下，他横下心，挥动剪刀把自己的头发剪去一半，变成了一个怪模怪样的"阴阳头"。这样一来，因为头发羞于见人，他只得彻底打消了出去玩的念头，一心一意地练口才，演讲水平突飞猛进。正是凭着这种专心执著的精神，戴摩西尼最终成为了世界闻名的大演说家。

1830 年，法国作家雨果同出版商签订合约，半年内交出一部作品，为了确保能把全部精力放在写作上，雨果把除了身上所穿毛衣以外的其他衣物全部锁在柜子里，把钥匙丢进了小湖。就这样，由于根本拿不到外出要穿的衣服，他彻底断了外出会友和游玩的念头，一头钻进小说里，除了吃饭与睡觉，从不离开书桌，结果作品提前两周脱稿。而这部仅用 5 个月时间就完成的作品，就是后来闻名于世的文学巨著《巴黎圣母院》。

　　一个人要想干好一件事情，成就一番事业，就必须心无旁骛、全神贯注地追逐既定的目标。在漫漫人生路上，当我们难于驾驭自己的惰性和欲望，不能专心致志地前行时，不妨斩断退路，逼着自己全力以赴地寻找出路，往往只有不留下退路，才更容易赢得出路，最终走向成功。

关键时刻舍得"弃子"

有所得必有所失，有时为了全局利益，不得不舍弃一些局部利益，正如下围棋或下象棋时常用的一招那样：弃子而保全局。

汉高祖刘邦死后，惠帝刘盈于公元前 194 年继承皇位。刘盈的同父异母兄弟刘肥此前已受封为齐王，惠帝二年，刘肥进京来朝见刘盈，刘盈则以兄长礼节在吕太后面前设宴招待刘肥，并以一家的长幼之序让刘肥坐在上座的位置上。吕太后见后非常不高兴，暗中派人在酒中投了毒药，并令刘肥为自己祝寿，企图杀了刘肥。

不料，不明真相的惠帝刘盈也一同拿着斟满了酒的杯子，起身为吕太后祝福。吕太后非常着急，赶忙拉着惠帝的酒杯把酒泼在地上。刘肥在一旁感到很奇怪，因而也不敢喝那杯酒，假装自己已经喝醉了，离席而去。后来他得知那果然是毒酒，心里极为恐慌，担心自己很难活着离开长安。

这时，随行的一个内史为他出了一个脱险的计谋。内史对齐王刘肥说："吕太后就仅仅只有惠帝这么一个儿子和鲁元公主这么一个亲女儿。如今您作为齐国的诸侯王，拥有大小七十多座城池，而鲁元公主仅享有几座城的食俸，吕太后心中自然不平。您如果献上一座郡城给吕太后，作为赠给公主的汤沐邑，太后就一定会转怒为喜，那您就不必担心了。"

刘肥采用了这个计谋，马上派人告诉吕太后，他想把自己的城郡送给公主，并尊公主为王太后。吕太后得知后果然非常高兴地应允了，并在齐国驻京城的官邸里置酒款待了齐王一行，齐王也因此而安全地回到了齐国。

　　关键时刻弃城保命，当然是值得的，丢卒保车，才是取胜之道。公元712年，唐睿宗让位给李隆基，自为太上皇，李隆基即位，是为玄宗。当时太平公主密谋夺取政权，宰相崔湜等又依附于太平公主，于是尚书右仆射同中书门下三品、监修国史刘幽求与右羽林军将军张暐请求派羽林军诛杀太平公主及其党羽。

　　刘幽求令张暐上奏玄宗说："宰相中有崔湜、岑羲，都是太平公主引荐的，他们整天图谋不轨，假如不及早预防，一旦发生变故，太上皇怎么能放心呢？古人说：'当断不断，反受其乱。'请陛下迅速诛杀他们。刘幽求已与我制定了计谋，只要陛下一声令下，我就率领禁兵，一举将他们剪除。"唐玄宗认为刘、张二人说得对，可是张暐不小心泄露了他们的密谋，引起了太平公主的疑心与防备。

　　唐玄宗在得知行动泄密后，马上采取主动，将忠于自己的刘幽求、张暐二人捉拿，并把刘幽求流放到封州（今广东封川县），张暐流放到丰州（今内蒙古杭锦后旗西北）。

　　唐玄宗果然棋高一着。太平公主见自己的死对头悉数被唐玄宗治罪，顿时对唐玄宗放松了警惕。一年多后，唐玄宗突然调动禁兵，把太平公主及其党羽一举诛杀。唐玄宗为奖赏刘幽求首谋之功，马上任命他为尚书左仆射、知军国事、监修国史，封上柱国、徐国公。唐玄宗将张、刘二人治罪，也是一种丢卒保车的策略，反正事后还可将他们提升。

　　当断不断，反受其乱。事情紧急的时候，舍车保帅，舍弃局部利益，以保全整个大局不失，是明智之举；如果优柔寡断，损失将会更大。

　　在美国缅因州，有一个伐木工人叫巴尼·罗伯格。一天，他独自一人开车到很远的地方去伐木。一棵被他用电锯锯断的大树倒下时，被对面的大树弹了回来。罗伯格因为站在他不该站的地方，躲闪不及，右腿被沉重的树干死死地压住了，顿时血流不止。

面对自己伐木生涯中从未遇到过的失败和灾难，罗伯格的第一个反应就是："我现在该怎么办？"他看到了这样一个严酷的现实：周围几十里没有村庄和居民，10小时以内不会有人来救他，他会因为流血过多而死亡。他不能等待，必须自己救自己——他用尽全身力气抽腿，可怎么也抽不出来。他摸到身边的斧子，开始砍树。因为用力过猛，才砍了三四下，斧柄就断了。

罗伯格此时真是觉得没有希望了，不禁叹了一口气。但他克制住了痛苦和失望。他向四周望了望，发现在身边不远的地方，放着他的电锯。他用断了的斧柄把电锯钩到身边，想用电锯将压着腿的树干锯掉。可是，他很快发现树干是斜着的，如果锯树，树干就会把锯条死死夹住，根本拉动不了。看来，死亡是不可避免了。

在罗伯格几乎绝望的时候，他想到了另一条路，那就是——把自己被压住的大腿锯掉！

这似乎是唯一可以保住性命的办法！罗伯格当机立断，毅然决然地拿起电锯锯断了被压着的大腿，用皮带扎住断腿，并迅速爬回卡车，将自己送到小镇的医院。他用难以想象的决心和勇气，成功地拯救了自己！

人生充满变数，要想处处都顺风顺水那是不可能的，总会有一些或大或小的灾难在不经意之间与我们不期而遇。面对危机形势，我们又往往会采取习惯的对待危机的措施和办法——或以紧急救火的方式补救，或以被动补漏的办法延缓，或以收拾残局的方法逃离……虽然这些都是逆境之下十分需要甚至必不可少的应急措施，但在形势危急而又不可避免的险境之下，我们还要学会"舍卒保车"甚至"舍车保帅"。卒没了，有车尚不畏惧；车没了，有帅或可斡旋。

一位哲学家的女儿靠自己的努力成为闻名遐迩的服装设计师，她的成功得益于父亲那段富有哲理的告诫。父亲对她说："人生免不了失败。失败降临时，最好的办法是阻止它、克服它、扭转它，但多数情况下常常无济于事。那么，你就换一种思维和智慧，设法让失败改道，变大失败为小失败，在失败中找成功。"是的，失败恰似一条飞流直下的瀑布，看上去湍湍急泻、不可阻挡，实际上却可以凭借人们的智慧和勇气，让其改变方向，朝着人们期待的目标潺然而流。就像巴尼·罗伯格，当他清楚地意识到用自己的力气已经不能抽出腿、也无法用电锯锯开树干时，便毅然将腿锯掉。虽然这只能说是一种失败，却避免了任其发展下去会导致的更大失败，丢卒保车，才有可能赢得宝贵的生命，相对于死亡而言，这又何尝不是一种成功和胜利呢？

像瘦鹅一样忍饥耐饿

"人在失意之时，要像瘦鹅一样能忍饥耐饿，锻炼自己的忍耐力，等待机会到来。"这就是有过一段养鹅的经历给"台塑"董事长王永庆带来的重要启示。美国前副总统亨利·威尔逊这样说："我出生在贫困的家庭，当我还在摇篮里牙牙学语时，贫穷就已经露出了它狰狞的面孔。我深深体会到，当我向母亲要一片面包而她手中什么也没有时是什么滋味。我在 10 岁时就离开家远走异乡，当了 11 年的学徒工，每年可以接受一个月的学校教育。最后，在 11 年的艰辛工作之后，我得到了一头牛和六只绵羊作为报酬。我把它们换成了 84 美元。从出生到 21 岁那年为止，我从来没有在娱乐上花过 1 美元……"

在穷困潦倒中，威尔逊就像瘦鹅一样忍耐着。他无时不渴望着一个机会，而只要机会一来临，他注定会像饿极了的瘦鹅一样，扑在机会身上将自己吃得滚圆肥壮。在他 21 岁那年，他离开农场徒步 100 英里（约 161 千米）到马萨诸塞州的内蒂克去学习皮匠手艺。一年后，他在一个辩论俱乐部里脱颖而出，12 年之后，他与著名的查尔斯·萨姆纳平起平坐，进入了国会。

纵观人类历史上的伟大和杰出人物，他们中的相当一部分曾经有过艰辛的童年生活，甚至还备受命运的虐待，但强者总是善于找到生命的支点。他们及时调整了自己的心态，坚忍地承受着生活的艰辛，在一贫如洗的岁月里安然走过，并用恒久的努力打破了重重的围困，在脱离了贫穷困苦的同时也脱离了平凡，造就了卓越与伟大。"舜发于畎亩之中，傅说举于版筑之间，胶鬲举于鱼盐之中，管夷吾举于士，孙叔敖举于海，百里奚举于市。故天将降大任于斯人也，必先苦其心志，劳其筋骨，饿其体肤，空乏其身，行拂乱其所为，所以动心忍性，曾益其所不能。"

这就是《孟子·告子下》的一篇被后人引为励志名言的一段话，它的大意是这样的：

舜是从干农活起家而当天子的，傅说是在筑墙的苦役中被举用为相的，胶鬲是从贩卖鱼盐的商贩里被举用的，管夷吾是从狱官看管的囚犯中被举用的，孙叔敖是在海边被举用的，百里奚是在市场上被举用的。所以上天要把重任交给某个人时，一定先使他的心志困苦，使他的筋骨劳累，使他的躯体饥饿，使他的身家困乏，扰乱他，使他的所作所为都不顺利，为的是要激发他的心志，坚忍他的性情，增加他所欠缺的能力。

其实这篇文章我们很多人都在中学时代读过，可惜中学生还不曾经历过太多人生，根本无从体会孟子的苦口婆心。不过，中学时代不懂得这篇文章的价值没关系，现在你已踏入社会，再回头来读它，一点也不迟。

刘邦以弱胜强的奥秘

秦汉之际，风云际会。刘邦凭借一支仅有百余人的起义队伍，登上反秦的历史舞台，击败强大的竞争对手西楚霸王项羽，夺得西汉开国皇帝的桂冠，其中的奥妙是什么呢？

1. 绝处逢生

刘邦生于战国末年，是伴随战乱长大的，秦统一中国后，他的家乡改设为沛县。秦朝在沛县县城附近，设置一种叫"亭"的机构，用来维持地方治安、传递朝廷文书等，当时叫泗水亭。刘邦到了壮年，经地方上的推举，在泗水亭做了一名亭吏，经过一段时间试职，后来被任命为亭长。

秦始皇死后，秦朝为他大兴土木修建陵墓，所以向全国征调劳役。当时的地方政府，必须配合秦王朝的这种大规模劳役摊派工作。刘邦在接到征调劳役的命令后，很不情愿。

刘邦为什么很不情愿呢？因为这次的劳役是建筑骊山陵，是一件非常艰险的劳务工作，加上大家对过多的劳役本来就反感颇深，因此负责领队去押运役夫是件危险的差事，万一有人结队逃亡，领队也要连坐论罪。何况从沛县到咸阳，有数千里之遥，跋山涉水，翻山越岭，全靠两只脚，又要携带笨重的炊具及干粮，日夜兼程，是件非常苦的差事。

队伍一出县城，便开始有人抱怨发牢骚了。有的人怒气冲天骂县令，说他心狠手辣；有的人诅咒差吏，说他们该断子绝孙；有的人则唉声叹气，诉说家中有白发老母和弱妻幼子，家里将无人支撑；还有的人泪水涟涟，担心自己此去会不复返。

听着这些人的议论，刘邦心中不免也伤感起来："我虽为押解之人，但不过是个小小的亭长，如今和他们同向西行，和他们又有什么区别？去骊山修陵山高路远，谁知一路上会出什么事儿呢？家中父母年事已高，妻子儿女没人照料。想当初老丈人说我有贵人之相，如今我都三十八岁了，却还不知自己贵在何方，连妻子儿女都顾及不了，还有什么好前程呢？"

刘邦一路上心事很重，没想到走出县城才三十多里，就发现少了好几个人。原来，他们看刘邦脸色阴沉，只顾着自己想心事，他们本来就恋家心切，满腹牢骚，加之感到前途茫茫，见到这种千载难逢的好时机，那些比较机灵的人，便趁刘邦不备偷偷地溜了。虽然发现有人逃跑，但因为监管的人员太少，山路又崎岖复杂，实在也难以搜捕追逃。

这时的刘邦处于束手无策的境地，没有别的办法，只能继续领着剩下的人往前走。

接下来，逃亡的人越来越多，刘邦也害怕了。他担心这样下去，到咸阳恐怕只剩下他一个人了。这如何是好呢？如交不了差，身为押送官员，只能是死路一条。

怎么办？刘邦痛苦地陷入沉思。最后，他认为自己横竖是难逃一死，与其坐以待毙，不如干脆好事做到底，把这些人全放了。

有一天晚上，刘邦把那些役夫们手上和身上的绳索解开来，然后邀请他们喝酒。这些役夫们不知道到底是怎么一回事，都有点害怕。

喝了一会儿，刘邦才对这些役夫们说："喝完了酒，你们就自由了！都各自逃命去吧！我管不着你们了。"

有人感到不解，忙问："此话当真？"

他说："当真。"

"那你怎么办？"

"不要管我了，你们想回家的可以回家，但不能声张，回家后也要找个安全的地方躲起来，等事情平息了后再出头露面。"

役夫们听了之后心里非常高兴，对刘邦也十分感激，但他们仍不敢相信。因为按照当时的法律，这样做刘邦非但性命不保，连九族都有可能殃及。

于是有人问刘邦："我们走了，官府追究起来，你又该怎样办呢？你如何交差呢？"

刘邦沉思了一会儿，笑着说："你们走后，我自有办法，当然也不会坐着等死，也要找个地方躲起来。"

后来，绝大部分人逃跑了，只有十多个人没有走。他们被刘邦这种舍己为人的凛然大义所感动，都流着泪表示，愿永远跟随着他。

刘邦带着众人朝芒砀方向逃命。当时谁也不曾料到，以刘邦为核心的小团体，居然会迅速壮大。

刘邦在沛县受到了百姓们的一致拥戴，其原因当然与他私放数百名劳役苦工有莫大关系。应该说，刘邦私放劳役苦工，并没起心为自己谋人气，更多的原因是送个顺水人情：反正自己难逃一死，干脆就为家乡人民做点好事。

在刘邦和十多个追随者躲在深山中时，陈胜、吴广的起义大军正令包括沛县在内的东部地区的百姓跃跃欲试。由于刘邦声望高，于是便被推举为沛县的起义领袖。刘邦很快就拥有了一支上千人的队伍。他们杀了沛县县令，加入反秦暴政的滚滚洪流之中。

2. 造神运动

在这里，我们有必要插叙一个故事。在刘邦私放劳役苦工、率一行十多人在泽中小道逃跑时，一条大蟒蛇挡住了前面的逃路。同伴们见到大蛇，吓得要往回走。刘邦知道，往回走一定会被官府逼兵杀死，此时已经义无反顾。他也不知哪里来的一股勇气，一声大喝："壮士行，何畏！"说完拔出三尺青铜宝剑，毫无畏惧地走上前去，将挡道大蛇斩为两段。然后，带领同伴们继续前进。

据说，当刘邦一行已经远去，后面的役夫再经过此地时，却发现有一个老太太在这里号哭。后面的人问她为何夜晚在此哭泣，老太太竟说她的儿子本是白帝的儿子，化成一条蛇，在此挡道，如今被赤帝的儿子斩杀。众人以为老太太在造谣惑众，威胁说要打她，老太太却忽然消失不见。这些人后来追上刘邦，要求加入他们的起义行列。原先的追随者听了此事之后，对刘邦更是崇拜起来，坚定了跟着刘邦干大事的决心。

刘邦斩白蛇起义，说自己是赤帝之子，现在看来八成是他自己炒作自己的，目的就是为自己造势（其实就是造神）。这种炒作造势的方法，刘邦不是第一个采用，也不是最后一个。早于他的有陈胜策划的"大楚兴，陈胜王"，晚于他的更是数不胜数了。这个造势活动，后来还得到刘邦夫人的呼应。刘邦后来曾在公开场合问吕夫人：为嘛你老能找到我呢？——当时刘邦流亡于山中。吕夫人答：我看见天上有片祥云呀，我顺着祥云找你，准没错！这种公开场合的一问一答，让我们现代人难免产生演"双簧"的怀疑。但我们怀疑没有用，他手下的人偏偏就相信。因此，他的目的达到了。

3．楚汉联手

刘邦率领的起义军，很快就发展成 3000 人的队伍，在丰邑（今江苏丰县）和薛县（今山东滕县南）一带，曾先后两次击败泗水郡的秦军。就在这时，刘邦的部将雍齿怀有二心，竟以丰邑叛降周市，刘邦闻讯立即还击，却未能攻取丰邑。眼前的事实表明：孤军奋战，难有作为。而且当时农民起义的形势已经发生变化，陈胜的起义军在荥阳失利，不久陈胜被杀，起义的高潮遭受挫折，因此刘邦决定联合项梁起义军共同作战。

项梁和项羽原在吴起兵反秦，陈胜被杀后，他们率起义军渡江北上，逐步汇成以他们为主力的起义洪流。公元前 208 年 6 月，项梁在薛县召集各路起义将领，共商联合反秦事宜，刘邦应召参加。项梁决定立楚怀王孙心为王，把都城设在盱眙。这次会议改变了原来起义军的策略，将各路义军会集成强大的力量，大大推动了反秦斗争。

薛县会议之后，在项梁的指挥下，刘邦率领的起义军，与项羽所率义军联合作战，对秦军发动了强大的攻势。这年 8 月，刘邦、项羽在雍丘（今河南杞县）大败秦军，杀死三川郡守李由，取得了丰硕的战果。项梁在东阿、濮阳、定陶也接连大破秦军主力章邯。

起义军凌厉的攻势，沉重地打击了秦王朝。秦二世倾全力增援章邯，加上项梁轻敌无备，结果被章邯夜袭定陶，项梁战死，起义军惨遭挫折。为了保存实力，避免被秦军各个击破，正在攻打陈留的刘邦和项羽以及吕臣率领的义军，东撤至彭城（今江苏徐州）一带集结，楚怀王也迁都彭城。同时，为了适应新形势的发展，起义军内部重新作了调整，将吕臣和项羽两支义军合并，由楚怀王指挥，又任命刘邦为砀郡守，指挥砀郡的义军。从此，刘邦与项羽各自独立指挥一支起义军。

秦军主将章邯击败项梁后，立即率军渡黄河北上击赵，赵王歇被迫退守巨鹿（今河北平乡西南），又遭秦将王离的包围，只好求救于楚。楚怀王派宋义、项羽、范增北上救赵，牵制和消灭了河北的秦军主力；又派刘邦西进攻打咸阳，威胁秦王朝的统治，而且约定"先入定关中者王之"。

宋义率军北上，因慑于秦军声威，在安阳滞留不进，被项羽杀于军中。于是，项羽"破釜沉舟"，发动著名的巨鹿之战，使秦军损失惨重，秦将苏角被杀，王离被俘，章邯只好退至棘原，与漳水南的义军对峙。

项羽大战巨鹿，把秦军主力牵制在河北，为刘邦西进咸阳创造了十分有利的条件。刘邦正是利用这种有利的形势，接连在西线和南线展开军事攻势，取得节节胜利。公元前208年9月，刘邦从砀郡率军西进，由于兵力少，只好采用游动战术。他先后在阳城、杠里击败秦军，又在成武大破东郡尉。接着，在途中又收编队伍4000余人。

公元前207年2月，刘邦北击昌邑未下，决定率军西攻。过高阳（今河南杞县西南）时，高阳人郦食其认为，义军人力、物力很弱，进攻关中太危险，建议先夺取军事重镇陈留，取得城中积粟，解决西进义军用粮问题，刘邦言听计从。

当时，由于秦朝在函谷关一线设防，投入的兵力比较强大，因此刘邦选择敌人力量比较薄弱的地带，决定从武关进攻咸阳。公元前207年4月，刘邦率军南下，进占颍川。两个月后，他与张良出辕（今河南登封西北），大破南阳郡守齿奇。南阳郡守退到宛城，刘邦听从张良的建议，连夜行军回师，把宛城重重包围，迫使南阳郡守齮奇投降。

刘邦攻下宛城之后，解除腹背受敌之忧，进军势如破竹。大军到达丹水（今河南淅川西南），秦将王陵等投降。就在刘邦率军直指武关的时候，秦将章邯在殷墟（今河南安阳）投降了，形势发展对刘邦进军咸阳极为有利。

公元前207年9月，刘邦攻取武关，又挥师绕过武关，越过黄山，在蓝田（今陕西蓝田）大败秦军，形成兵临咸阳的局面。公元前206年10月，刘邦率军到达灞上，秦王子婴投降，秦王朝在农民起义浪潮中瓦解了。

在夹缝中表现，在困境中生存，这是谋势者时常面临的任务。刘邦投靠"项家军"后处处受他人牵制，只有在战场上立功，以求更大的发展。西征的重任落在他的肩上，这是形势所造成的。一路上，他结交了大盗彭越、郦食其，谋士张良，在他们的帮助下，运用怀柔策略，不费一兵一卒，顺利抵达武关。扬己之长，避己之短，以他人之长补己之短，这是刘邦的最大优点。

4. 屈伸有度

刘邦进入咸阳后，萧何首先接收秦丞相府的重要图籍，有利于掌握全国战略要地、户口及各地的经济情况。接着，在张良和樊哙的劝说下，好色重财的刘邦克制住自己的冲动，封闭秦的府库财物，对于宫中的美女也秋毫不犯。为了建立"王师"的美誉，刘邦严令手下人不得扰民。后来，刘邦干脆将军队撤出咸阳，陈军灞上。他还召集关中父老豪杰，与其"约法三章"："杀人者死，伤人及盗抵罪。余悉除去。"这些措施赢得了民心，为他后来击败项羽，建立汉王朝产生了深远的影响。

与此相反，项羽进入关中，烧杀掠夺，大失民心。公元前

206 年 12 月，项羽击败秦军主力后，率 40 万大军进入函谷关，驻军于戏下（今陕西渭南西南），以优势的兵力与刘邦形成对峙的局面。当时刘邦处于劣势，为了赢得时间与空间，刘邦不得不亲赴鸿门言和。双方钩心斗角，在表面上的友好气氛中联袂上演了一场惊心动魄的鸿门宴。项羽的谋臣范增主张击杀刘邦，免得留下后患，但项羽没有听从。刘邦在张良、樊哙的帮助下，顺利地逃回灞上。项羽就这样错失了一个绝佳的机会，为他将来身首异处种下了祸根。

气愤的项羽率军进入咸阳，杀子婴，烧秦宫。接着又分封 18 个诸侯王，自立为西楚霸王，建都于彭城。又把刘邦封为汉王，把他支得远远的，去管辖巴、蜀、汉中等地。项羽的所作所为，使关中人民大失所望。由于分封不公，又引起诸侯王的不满。刘邦因项羽毁了"先入定关中者王之"的约定，并将自己的封地设在交通不便、历来作为流放犯人的巴、蜀、汉中之地，更是怒不可遏。

项羽巨鹿之战一举荡平秦军，成为天下无敌的英雄，他分封诸王，只给了刘邦一个小小的汉王。不仅如此，还派了三个秦朝降将带兵牵制刘邦。如按楚王之约，刘邦本应为"关中王"，但现在不但没做成"关中王"，而且连封地都变了，于是刘邦大怒要与项羽拼命。在众谋士的劝说下他又忍住了，并且休养生息，为此后成就大业打下基础。如果当时刘邦不忍，而冲动地带兵与项羽交战，胜负可想而知。

萧何当时就劝谏说："虽说称王于汉中是件坏事，但总还是比一死要强些吧？""何至于一死？"刘邦反问道。萧何回答："如今我们的兵力远不如项王，如果交战必将是百战百败，怎会不死！那种能屈于一人之下而伸于万乘大国之上的，正是汤王、武王这样的人。愿大王称王于汉中，长养人民，招纳贤士，收用巴、蜀地区的物力和人力，还兵平定三秦，如此便可以图谋天下了。"

萧何精辟地分析了天下形势后指出，在敌我力量对比悬殊的情况下，攻击项羽只能是死路一条。为此，萧何举出历史上汤武二位圣王如何在困境中暂时"屈于一人之下"而后来又"伸于万乘之上"的事例，来宽慰和提醒刘邦，使刘邦的一时激愤顿时化为乌有。在此基础上，又为刘邦提出了一条"养其民以致贤人收用巴、蜀，还定三秦，天下何图"的十九字正确路线。这十九字箴言，点亮了刘邦心中的明灯。

5. 韬光养晦

就这样，刘邦郁闷地走在通往封地的栈道上。

栈道是一种先穿凿岩壁、再用圆木作支柱而建架成的人工通道，只能容几人行走，大队人马及辎重要很艰难地从上面过去。有些栈道的木头已经老化，承受不了过重的重量，必须先动用军力修复、加固，有的地方还要拆掉重建，因此工程十分巨大而又艰难。

栈道的底下是千丈深谷，一不小心掉下去，便立刻粉身碎骨。尤其是有些特别艰险的地方只能容一个人单独通过，所有的粮食、器具、武器都必须用人力背过去。所有行人只能沿着山路逐步攀爬前进，那些体力虚弱或过分粗心的人，往往一不留神就会坠落在千丈的深谷中，连尸体都难以寻找到。

不久，刘邦要求张良先回韩王处，待取得韩王同意后，再回汉中辅佐刘邦。张良也欣然答应，并暗中建议刘邦焚烧经过的栈道。这样一方面可阻绝外面兵力的侵入，一方面也可向项羽表示，刘邦已无意再回中原争霸，以麻痹项家军。

范增派来的密探很快地向项羽密报了这个消息，项羽也因而放松了对刘邦的防范心理。

从军事谋略学角度来分析，刘邦、张良烧毁栈道的举措，属于韬晦之计的范畴。"韬"字的本意是弓袋，引申为掩蔽、敛藏的意思；"晦"则是阴暗不明的意思。所谓"韬晦"，就是把自己的才能、打算等隐藏起来，以瞒人耳目，欺骗对手。

刘邦与张良合谋烧掉栈道，的确是极为高明的韬晦策略。这一策略的高明之处在于，它不仅进一步麻痹了项羽，使其放松了对刘邦的最后一点儿警惕，而且也有效地防止了其他诸侯国及乱兵盗贼的袭击。

当时，在推翻暴秦的战争中形成的各个军事集团，以项羽的势力最为强大，特别是在巨鹿之战后，项羽的军事力量达到了巅峰状态。他自称西楚霸王，分封诸侯，为天下宰，不可一世。但是，他却始终有一个潜在的敌人，那就是刘邦。

从表面上看，刘邦的实力不如项羽，实际上他的潜力却比项羽要大。

从资历来讲，刘邦与项羽原本都是同时起义的义军首领，而且曾经同属义帝的臣僚，他们在身份上本来就难分高下。从功劳来看，刘邦在反秦斗争中，同样立下了很大的功劳，特别是他率先攻入关中。更是其他诸侯所无法比拟的。从素质来看，刘邦宽厚大度，善于用人，有政治头脑，比项羽要高出许多。所有这些，都使他有能力、有条件与项羽争霸天下。

因此，项羽对他怀有戒心，处处进行限制，甚至企图将他封闭在汉中、巴蜀的崇山峻岭之中，永远不得东归，这是很正常的事情。

从当时总的形势来看，刘邦却远远不是项羽的对手，根本没有能力与项羽公开抗衡。在这种情况下，刘邦唯一可取的策略就是用韬晦之计。他一方面要忍耐，设法麻痹项羽；一方面要暗中发展自己的势力，养精蓄锐，等待时机。

从后来事情的发展结果看，刘邦的韬晦之计是成功的，他的上述目的也随之达到了。据《史记·留侯世家》记载，张良回到韩国后，项羽因张良跟着汉王刘邦去了趟汉中的缘故，不让韩王和张良留在自己的封国，而将他俩一块儿带到了彭城。张良对项羽说："汉王把栈道都烧毁了，已经不打算东归了。"

项羽果然从此不再担忧西边的刘邦，而是放心发兵向北攻打齐国去了。

恰恰就在这个时候，刘邦在大将韩信的策划下，明修栈道，暗度陈仓，一举消灭了项羽留在关中的三个诸侯王，将关中据为己有，从而拉开了与项羽争夺天下的序幕。

无论是范增也好，项羽也好，把刘邦"压制"到巴蜀之地，其实是一个严重的失策，竟在无意、无知中让刘邦得到一个进可以攻取关中，退可以御敌于"门"外的良好的立国之地。

巴蜀位置偏远，道路难行，是诸侯多不愿意去的地方，而实际上这是大错特错了。巴蜀一带，也是我国文化发展较早的地区之一。这里不仅土地肥沃，气候适宜，资源丰富，经济发达，而且自春秋至秦末一直未曾遭到战争的破坏。

更为重要的是，这里四面高山耸峙，中间平原宽广；陆有剑门之障，水有三峡之险；东扼长江，实为吴、楚咽喉；北越秦岭，可以直捣关中——军事上可攻可守，实为一良好的立国之地。

汉中的战略地位同样重要。项羽原本没有将汉中封给刘邦。

但深谋远虑的刘邦却通过贿赂项伯，由项伯出面向项羽请求加封到了汉中。

刘邦自在汉中拜韩信为将后，后者一出"汉中对策"，刘邦便豁然开朗，既看清了自己的实力，也看清了项羽的弱点，于是他便采取韬晦之术，故意在汉中装作一副无所作为的样子，暗中却将东征计划全权委托给了韩信。刘邦之所以能在这么短的时间内重新复出，主要是他从和韩信的"汉中对策"中受到了启发，真正做到了知己知彼。

6. 建立霸业

要建立霸业，先要将霸主打下擂台。

公元前206年8月，刘邦依从张良、韩信之计，明修栈道，暗度陈仓后，一举攻取"三秦"，拉开四年楚汉相争的序幕。刘邦利用项羽在城阳与田荣会战之机，从临晋（今陕西大荔东）渡黄河，击败魏王豹，夺取河内（今河南武涉西南）。又针对项羽放杀义帝，号召诸侯王讨伐项羽。公元前205年4月，刘邦率诸侯兵56万攻楚，占领楚都彭城。正当他在彭城庆功的时候，项羽乘其不备，率精兵3万人夺回彭城。汉军死伤无数，刘邦只带数十骑逃跑，连自己的父亲及妻子都成了楚军的俘虏。

这年5月，刘邦收集余部，退至荥阳固守。当时许多诸侯王相继反汉投楚，楚汉在荥阳、成皋一带相持达两年之久。

为了打破这种相持的局面，刘邦大力经营关中，使之成为支援战争的巩固的大后方。首先，他解决关中反汉的诸侯王问题，迫使章邯自杀，平定了雍地。其次，派萧何守关中，制定一系列法令，包括户口、运输、调兵等，保证前线的补给。公元前205年8月，刘邦派韩信、曹参北上破魏，平定了魏地。两个月之后，又派韩信、张耳击赵，大破赵军于井陉口（今河北井陉北）。至此，汉军北翼的压力解除了，又给项羽造成极大的威胁。

同年11月，他又派人南下九江，去说服项羽的枭将英布归汉。英布果然起兵攻楚，既削弱了项羽的力量，又解除了汉军南翼的威胁，壮大了破楚的实力。

与此同时，刘邦又派刘贾、卢绾率2万兵马，深入楚军后方，帮助彭越焚烧楚军的粮草军需，从后方给予项羽造成威胁。

公元前203年10月，韩信破赵之后，又纵兵攻齐，占领临淄，给予项羽极大的压力。

至此，汉军从战略上完成了对项羽的包围，刘邦转弱势为强势，项羽几面受敌，楚汉力量对比发生了根本的变化，双方对峙的局面被打破。项羽不得不与刘邦相约，以鸿沟为界，中分天下，鸿沟以西属汉，以东为楚。

当项羽准备引兵东归时，刘邦听取张良、陈平的建议，决定乘项羽兵乏粮尽，一举灭楚。在公元前202年12月，刘邦大会诸侯兵，与项羽决战于垓下。项羽被重重围困，只得带800骑突围。刘邦发现后，派灌婴率5000骑追击。项羽退至东城（今安徽定远县东南），便在乌江（今安徽和县东北）自刎身死。

这一年，刘邦登基，建立西汉政权。

7. 壮士悲歌

李清照有诗云："生当作人杰，死亦为鬼雄；至今思项羽，不肯过江东。"在很多人眼里，项羽是一个忠肝义胆的豪杰。他叱咤风云的伟业，所向披靡的战绩，在秦汉交替之际掀起了澎湃的浪潮。曾几何时，举世共仰，千秋景慕。项羽因之而成为历代王朝倍加推崇的人物，着实为后人所景仰。

　　然而，项羽毕竟又是一个悲剧式的历史人物。他的悲剧，不仅是历史的悲剧，也是性格的悲剧。问题恰恰在于，项羽的性格不能为自己谋势，他对敌不狠、对友不仁，刚愎自用，四面树敌，想不失败都不可能。而刘邦能成事，能依靠谋士为他谋势，所以后人说："世无英雄，遂使竖子成名。"

　　项羽首先执著于他所谓的"义"，而这个"义"也恰恰演绎了他的个人悲剧。古人云："义者，宜也。"又云："行而宜者谓之义"。可想而知，只要行之得当，言而得体，便可称其"义"。然而，"义"是没有一个绝对标准的。项伯为报救命之恩，向张良通风报信，可称得上"义"，可此举客观上却帮助了刘邦，使得沛公在鸿门宴中能化险为夷，此举又谓之"不义"。两强相斗，不是你死就是我亡，项羽却不忍弑杀刘邦，纵虎归山，实乃对敌人"义"而对自己的"不义"。项羽立刘邦为汉王，将他分封到边远的巴蜀之地时，项羽仍是强势。有谋士对项羽说："刘邦乃是大王的心腹之患，应当设法除之，今日刘邦势弱，他不敢违抗大王，可一旦形势有变，大王岂不养虎遗患吗？"项羽自信道："我一旦为王，刘邦就不可翻身，天命在我，哪里会变呢？"过分自信的项羽，就这样最后一次错过了灭掉刘邦的机会。项羽的"妇人之仁"与"义"的本质是背道而驰的。项羽重义而轻理，常常出一些有违自毁优势的昏招，令大好的时机失去，让大好的形势逆转。

　　项羽的性格悲剧还表现在他的刚愎自用。韩信开始在项羽麾下，他"言不听，谋不用，故倍楚而归汉"；陈平效力于项王，"累谏不受，乃封其金与印，仗剑亡，归汉于武"。此二人均有经国之伟略，济世之才能，然而却不能为项羽所用。亚父范增，尽心尽力，鞠躬尽瘁，亦未免被猜忌。最后，明修栈道，暗度陈仓的是韩信；七出奇计，困项羽于垓下的是陈平；十面埋伏，逼项羽走江东的是张良；乌江渡口取项羽头颅的竟然是项王"故人"王翳。项羽的刚愎自用，终于让自己吞下了"四面楚歌"的恶果。可以说，过分借重于武力而忽视谋势，也是造成项羽性格悲剧的一个重要原因。

四处树敌是项羽最终失势的一个至关重要的原因。项羽等将暴秦推翻后，虽然拥楚怀王为义帝，但自己却大权在手。大权在手的项羽行事乖张，对诸侯王或废或杀，全凭自己的喜怒行事。韩王韩成没有建立军功，项羽便不准他到封地去，把他带到彭城，废王为侯，不久又把他杀死。项羽此举大失人心，面对人们的议论，项羽不屑一顾地说："自古王者主天下，百姓之言又有何用？我势倾天下，不服者只有死路一条！"不久，诸侯屡有反叛项羽者，天下一时纷乱不休，又有人向项羽进言说："大王以强势压人，虽可一时取胜，但绝非长久之策。眼下诸侯反叛，形势已非从前，大王当改弦更张，安抚他们。"项羽暴跳如雷，他拒绝改变主张，仍以镇压为手段，东征西讨，穷于征战。汉王刘邦见形势不变，急与萧何商议说："项羽处处树敌，身陷苦战，我等若趁此良机起事，当有胜算啊！"萧何极力赞同，他鼓励刘邦道："项羽不知势易，仍恃强凌弱，这是他自取灭亡之道。大王窥破天机，起兵讨伐，必有大功。"于是刘邦起兵，打败章邯，降服司马欣和董翳，占领了三秦之地。项羽焦头烂额，气愤得要死，他要亲率大军讨伐刘邦，他手下的将领苦劝说："天下诸侯纷纷反叛大王，大王不可以一味征讨了。形势大变，大王当思量别策，方为良谋。"项羽咆哮道："强者生，弱者死，只有消灭刘邦，才是真正的良谋。我不会用什么别策，我不能让刘邦小视我啊！"项羽派兵抵抗刘邦东进，又自己领军攻打反叛的齐国。刘邦虽然多遭失败，但项羽尽失人心，实力不断受到削弱……

"力拔山兮气盖世，时不利兮骓不逝。骓不逝兮可奈何，虞兮虞兮奈若何。"项羽的临终悲吟无疑已成为千古绝唱。前两句是说自己虽然勇力超群，英雄盖世，却仍不能掌握自己的命运。歌的基调悲凉低沉而又不失英雄本色，但将失败归结于时运不济，而不能认识到自己在谋势上的致命错误，则不免到死尚不知醒悟。

项羽厉害吗？当然厉害，出身名门，勇冠三军，生为人杰，死作鬼雄。而刘邦，出身贫寒，手无缚鸡之力，竟然笑到了最后。相较而言，刘邦才是更厉害的人啊。

第六章　厉害的人一遇风云便化龙

太阳每时每刻都在变换位置，向日葵深深懂得这一点，所以它才每时每刻都在调整自己的方向，以使自己尽量朝向太阳。

机遇源于意识

人们若是一心一意地做某一件事，总是会碰到偶然的机会的。

机遇是指意外碰上对自己有利的好时机。有的人认为碰到机遇就是碰到了好运气；而有的人却认为机遇是命中注定的东西，如果这样看待机遇，显然是一种错误的宿命论观点。

大多数人都相信机遇现象的存在，它对人的命运所产生的重要作用也很少有人持怀疑的态度。可人们却往往认为机遇只会光顾极少数幸运者，不相信自己也能捕捉到机遇。这可能同我们对机遇缺乏正确的认识和必要的了解有关。

机遇本身具有的性质和特点，使它披上了一件玄妙、神奇的外衣，不免会让人感到有些扑朔迷离、难以捉摸。你一心恭候它光临，它却可能老不露面，让你傻等干着急。你对它毫不在乎，一点也不放在心上，它又可能不期而至，也会不辞而别。

我们周围有些幸运的人可能并不聪明，也没有什么特殊的天赋，但他们总能找到如意的终身伴侣，做事心想事成、易如反掌。这样的人总能在适当的时间出现在适当的场合，轻而易举就获得各种好处。这是魔法吗？还是背后有什么隐藏的力量？怀斯曼教授说："都不是。只有迷信的人才会相信人生下来就有幸运和不幸运之分。"那些能够巧妙获得机遇的人，主要在于他们头脑中潜藏的机遇意识在起作用。

在加州海岸的一个城市中，所有适合建筑的土地都已被开发利用了。在城市的另一侧是一些陡峭的小山，无法作为建筑用地，而另外一旁的土地也不适合盖房子，因地势太低，每天海水倒流时，总会被淹没一次。

一位善于捕捉机遇的人来到了这个城市。有机遇意识的人，往往具有敏锐的观察力，这个人也不例外。在到达的第一天，他立刻看出了从这些土地赚钱的可能性。他先预购了那些因为山势太陡而无法使用的山坡地。又预购了那些每天都要被海水淹没一次而无法使用的低地。他预购的这些土地价格很低，因为这些土地被认为并没有什么太大的价值。

他用了几吨炸药，把那些陡峭的小山炸成平地，再利用几架推土机把泥土推平，原来的山坡地就成了很漂亮的建筑用地。另外，他又雇用了一些卡车，把多余的泥土倒在那些低地上，使其超过水平面，因此，这些低地也变成了漂亮的建筑用地。

他赚了不少钱，是怎么赚来的呢？

只不过是把某些泥土从不需要它们的地方运到需要这些泥土的地方罢了。只不过是把某些没有用处的泥土和机遇意识混合使用罢了。

我们虽然不能按照自己的主观意志制造机会，也不能随意安排它出现的时间和场合，但是我们头脑中要时时有机遇意识，以便主动及时地抓住机遇并妥善利用。

对于机遇，我们心里要常常想着它，按照自己所从事的各种活动的需要，对可能出现的机遇保持一种敏感和警觉；要随时留心有关的事物和现象，一发现有机会出现的苗头就盯住它，仔细观察、审视和分析它；如认定其具有捕捉价值，便应采取措施及时抓住和有效地加以利用，并使其最终转化为某种有价值的成果。大体上说，这就是我们都需要具备的机遇意识。

正如巴尔扎克所说："人们若是一心一意地做某一件事，总是会碰到偶然的机会的。"

一位哲人曾说:"每个人都有机遇,但如果不加以利用,再多的机遇也没用。一个成功的人就是能够利用机遇。命运全是由你自己创造的,也全由你自己去转变。成功的秘密在于你去主动地把握住机遇。"这段话说得非常深刻,可以帮助我们改变对机遇的认识误区。

有目标才让你更善于捕捉机遇

人生的目标，不仅是理想，同时也是约束。有了目标，才有超越，才有发展，才有"自由"。

机遇对于我们的成功固然有举足轻重的影响，但如果没有明确的人生目标，再好的机遇也是枉然，没有目标你就无法妥善地抓住利用它，只能眼看着它白白溜走。

太阳每时每刻都在变换位置，向日葵深深懂得这一点，所以它才每时每刻都在调整自己的方向，以使自己尽量朝向太阳；在大海中航行的帆船也深深懂得这一点，他总是能巧妙地利用各种方向的风，使得帆借风力，破浪航行。一句英国谚语说得好："对一艘盲目航行的船来说，任何方向的风都是逆风。"

目标是我们行动的依据。没有了目标，我们的热情便无处释放，无处依附。有了目标，我们的斗志才会被激发，才能发挥出我们的潜能。

人生的目标，不仅是理想，同时也是约束。有了目标，才有超越，才有发展，才有"自由"。

就像一位跳高运动员，如果他的前面不放一根横杆，让他漫无目的自由地跳高，可以肯定，他永远也跳不出最好成绩来。如果你在他面前设定一个目标，放上一个衡量高度的横杆，让他去超越。随着横杆不断地升高，他跳的高度也会升高。甚至会有这样的情况，在一定范围内，横杆越高，跳得就越高；横杆很低时，他也跳不起来，因为，没有目标时，会产生强烈的"失落"感。这又很像物理学的一条原理，没有参照物，运动或静止都没有意义。

有一天，佛陀站在河岸边对弟子们说："少数人渡过河流，多数人站在河流的这一边；他们站在河岸边，跑上又跑下。"伟大的佛陀，以他超然的大智大慧俯视芸芸众生，传达出这个超越时空的喻示：众人在生活中行色匆匆，却往往不知道要去哪里，于是在"河岸边"跑来跑去，又忙又累，却又毫无作为，没有彼岸。这就是人生。

每个人看起来总是忙碌不堪，但是当被问到为何而忙时，大多数人除了一问三摇头之外，唯一可能的回答就是："瞎忙!"

法国科学家约翰·法伯曾做过一个著名的"毛毛虫实验"。

毛毛虫有一种"跟随者"的习性，总是盲目地跟着前面的毛毛虫走。法伯把几只毛毛虫放在一只花盆的边上首尾相连，围成一个圈，又在花盆周围不到15厘米的地方，撒了一些毛毛虫喜欢吃的松针。毛毛虫开始一个跟一个，绕着花盆，一圈又一圈地走。时间一分一秒地流逝着，一天过去了，毛毛虫们还在不停地坚忍地沿着花盆打转。一连走了七天七夜，终因饥饿和精疲力竭而死去。这其中，只要任何一只毛毛虫稍稍与众不同，便立时会过上更好的生活（吃松针）。

人又何尝不是如此，随大流，绕圈子，瞎忙空耗，终其一生。一幕幕人间失败的悲剧的上演，其根源皆因缺乏明确的人生目标。在你等待机遇光顾的时候，一定要设定出明确的人生目标。

机遇需要人生目标和准确定位

远大的人生目标和准确的人生定位使年轻人顺利乘上机遇的快车到达成功的彼岸。

每个人都渴望做自己所擅长的事，从而顺利抓住成功的机遇；相反，如果不能去做自己喜欢做的事，我们可能就会错失良机。在确定人生目标的时候，我们首先要仔细想想自己到底能做什么？你希望自己成为一个什么样的人：企业家？政治家？艺术家？手艺超群的厨师还是业绩可观的推销员？等等。

我们每一个人都是独特的，有着不同的需要、希望和价值观，也有着不同的专长，若是我们违背自己的特质，不尊重自己的独特性，那么不论我们怎样努力，都将永远和机遇绝缘。

人的机遇和人的特质是分不开的，许多人牺牲了自己的特长，去做那些自己不擅长做的事情，这就是他们不能获得机遇的原因。该当老师的人做了企业家，该做企业家的人却跑去当老师；该做管理员地跑去做推销员，做管理员的却是那些该当律师的人；当律师的去做医生，当医生的却自己创业做老板。

假如你不清楚自己的特质，不明白自己的需要，那么你很可能做出完全和你的需要相反的选择。你也就永远与机遇失之交臂。

在这样一个前提下，我们有必要在选择自己所做的事的时候，一定要认真、慎重地想好自己能做什么，不要盲目行事，只有这样才能抓住成功的机遇。

有一个年轻人，应聘到一列三等火车上当司机助理。司机是个爱发牢骚的人，经常对这位新来的助理指手画脚，说些不中听的话。转眼一个月过去，年轻人领到平生第一份薪水，心里高兴得不得了。他将钱揣在怀里，过一会儿就要拿出来数一遍。他倒不是指望多数出一张来，他是怕刚才将钱揣进去时弄丢了一张。除此之外，数钱的感觉也蛮好的，尽管他的工资并不高。当他将钱数到第五遍时，那位司机终于忍不住想说几句肺腑之言："小伙子，你别得意！你以为这只饭碗你就算捧住了吗？告诉你，你要过两三个月才算通过试用期，前提是你不要惹什么麻烦。再熬上三年五载，假如你侥幸不被开除的话，你就可以当上一个正式司机，到那时你就可以眉开眼笑地数钱玩了。现在，我建议你小心看好自己的饭碗，老老实实干活去！"

年轻人窘得满脸通红，再也没心情数钱玩了。作为一个刚走上社会的青年，心理承受力比较差，最怕被人瞧不起，现在被司机平白无故地数落一通，他觉得很没面子。年轻人很生气，他认为司机没有权力这样羞辱他。但回头想想，司机的话也不是没有道理。他进而又想："难道我只能以司机这个职业作为我的归宿吗？如果是这样，人生不是太平淡了吗？"他以前从没想过这个问题，现在忽然觉得，这是一个非常非常重要的问题。

他凝思半晌，心里有了计较，抬起头来，对还在唠唠叨叨的司机说："你以为我的目标是当一个司机吗？告诉你，我将来要做铁路公司的总经理！"

"什么？哈哈！"司机发出一串讥讽的怪笑，好不容易才停下来，喘着粗气说："老板！我想我不得不叫你老板。你要是在我还没有退休之前当上总经理，我求求你不要开除我。"

年轻人不理会他的嘲讽，冷静地说："如果你老老实实干活，我是不会开除你的。"

"哈哈，你不会开除我！但是我要告诉你，笨蛋，马上给我老老实实干活去！"

年轻人果然老老实实干活去了。但他刚才那个宣言，不是为了争面子才说的赌气话。自此，他按总经理的标准严格要求自己，努力学习一个优秀总经理需要的各种素质。他的见识、他的言谈举止、他办事的态度都变得跟那些普通员工不一样了，给人一种鹤立鸡群的感觉，使他的上司觉得如果不提拔他，就要受到埋没人才的指责。于是，他一步步得到升迁。多年后，他果真成为马利安铁路公司的总经理。

远大的人生目标和准确的人生定位使年轻人顺利乘上机遇的快车到达成功的彼岸。而有一些人由于找不到适合自己的位置，又没有施展自己特长的远大志向，人生对他们来说也就毫无机遇可言，只能与一切成功失之交臂。

动物园里的小骆驼问妈妈："妈妈、妈妈，为什么我们的眼睫毛那么长？"

骆驼妈妈说："当风沙来的时候，长长的眼睫毛可以让我们在风暴中都能看到方向。"

小骆驼又问："妈妈、妈妈，为什么我们的背那么驼，丑死了！"

骆驼妈妈说："这个叫驼峰，可以帮我们储存大量的养分，让我们能在沙漠里耐受十几天的无水无食条件。"

小骆驼又问："妈妈、妈妈，为什么我们的脚掌那么厚？"骆驼妈妈说："那可以让我们重重的身子不至于陷在软软的沙子里，便于长途跋涉啊。"

小骆驼高兴坏了："哇，原来我们这么有用啊！可是妈妈，为什么我们还待在动物园里，不去沙漠远行呢?"

　　小骆驼待在动物园里，永远也不知道自己身上的这些器官有什么作用，慢慢地，他的特长便会退化，也就永远失去前往沙漠远行的机会了。

目标高远才能迎来机遇

远大的目标会使你最大限度地实现人生价值。

目标愈高远，人的进步就会越大，也就更有可能抓住好的机遇。

也许很多人都有这样的一个体会：当你确定只走 1 公里的时候，如果走完了 0.8 公里，你很有可能让自己松懈下来，因为反正就快要到达目标了，而且有一些累了，所以慢些快些也无所谓。

但如果你所确定的目标是 10 公里，你就会加倍地重视。做好思想准备和其他的完善工作，然后再开始启程。在行进中，你会注意自己的速度、节奏与步伐，不断地启动自己的潜在力量。这样走了七八公里之后，你也不会因为累或其他原因松懈下来，后面的冲刺还十分重要，一不小心就会前功尽弃。因此，设定一个远大的目标，不仅能够帮助你掌握自己，还可以最大限度地发挥你的潜能，获得机遇的垂青。

远大的目标会使你最大限度地实现人生价值。所谓远大的目标，无非是要考虑更多的人更多的事，在更大的范围里解决更多的问题，将自己提升到一个更高的层次。因为你渴望去干一番大事业，让自己达到成功的极限，这就需要你拥有更多的知识、技能，有些甚至要有所舍弃，在这些过程之中，你会强迫自己不断地学习，去适应，就会逐渐地变得具备超乎常人的知识、能力、胸襟，而结果便是：你将抓住最好的机遇逐渐取得自己的成功，得到旁人的尊敬和认同。

另一方面，远大目标是你毕生的志向，需要一生的努力，所以，它不可能十分的详细精确。尤其是对于成功经验不足、阅历不深的年轻人来说，更是如此，随着经验的充足，阅历的加深，阶段性目标的实现，才能对远大目标有一个完备而清晰的认识。

人生的远大目标，可以不要求详细，只要有一个比较明确的方向和大致程度要求就可以了。

几年以前的一个炎热的夏天，一群人正在铁路的路基上工作，这时，一列缓缓开来的火车打断了他们的工作。火车停了下来，最后一节特制车厢的窗户被人打开了，一个低沉的、友好的声音响了起来："大卫，是你吗?"大卫·安德森——这群人的负责人回答说："是我，吉姆，见到你真高兴。"于是，大卫·安德森和吉姆·墨菲——铁路的总裁，进行了愉快的交谈。在长达一个多小时的愉快交谈之后，两人热情地握手道别。

大卫·安德森的下属立刻包围了他，他们对于他是墨菲铁路总裁的朋友这一点感到非常震惊。大卫解释说，20多年以前他和吉姆·墨菲是在同一天开始为这条铁路工作的。

其中一个人半认真半开玩笑地问大卫，为什么他现在仍在骄阳下工作，而吉姆·墨菲却成了总裁。大卫非常惆怅地说："23年前我为1小时1.75美元的薪水而工作，而吉姆·墨菲却是为这条铁路而工作。"

人生目标的大小直接影响到一个人一生的成败，设定一个远大的目标才会把握住更有价值的机遇，取得更大的成功。

目标是实现理想的精神动力

如果一个人没有了对人生热切的愿望，那他根本不可能有什么奋进的动力，也就谈不到对机遇的把握和实现。

积极的人生愿望和理想是一个人拥有的真正财富。凡是努力工作、具有创造力的人，其最终目的就是为了实现自己的愿望。如果一个人没有了对人生热切的愿望，那他根本不可能有什么奋进的动力，也就谈不到对机遇的把握和实现。

一个人如果对自己的事业充满热爱，并选定了自己的工作目标，就会自发地尽自己最大的努力去工作，抓住一切机遇，使它们成为现实。

现实生活中，许多伟人的成功，就在于他们为自己的前途和未来做了一番精细的策划，为机遇的实现增添了巨大的精神动力。我们来瞧瞧美国首富比尔·盖茨的经历吧。

比尔·盖茨于 1955 年 10 月出生在美国西北部城市西雅图，小时候他并没有什么超人之处。当他 8 岁时，由于某些原因，母亲带他去看一位心理医生。那位医生给了他充分的信任，而那种信任在他战胜生活的挑战中起了不可估量的作用。因此，从那时候起，他就明白了要从生活中得到什么以及如何达到目的。这使他在大学时就具有了从心理和技能上去改变自己命运的愿望。1972 年，比尔·盖茨建立 TRAF－O－DATA 公司，不久，他又发明了 BASIC－6800 信息语言，简化了数据处理器的使用。这样好的成绩使他毅然中断了为继承父业在哈佛大学法律系的学习，全身心地投入了新的计算机通用语言的创作。几年后，微软操作系统诞生了。1980 年比尔·盖茨的母亲——华盛顿大学的校长通过朋友关系把比尔·盖茨的发明介绍给了第一个推出个人电脑的 IBM 公司，这样比尔·盖茨的聪明有了一定的用武之地。在与 IBM 公司签订了大宗供货合同后，比尔·盖茨的新系统 MS–DOS 很快占领了市场。

从此，比尔·盖茨的事业蒸蒸日上，一发而不可收，他设计的新程序源源不断地开发出来，他设计的"窗口"系统每月可卖到上百万美元。盖茨的口号是"分享一切"。他那坐落在西雅图附近的雷德蒙德微软公司总部让人觉得像一个大学的运动场，里面尽是花园和飞瀑。星期天职员们在这里打垒球，到健身房锻炼、去看电影、听音乐会，他们穿着印有"你的同事是你最好的朋友"字样的上衣，大家都对他深信不疑，比尔·盖茨的魅力不可抗拒。

后来比尔·盖茨又把目光瞄准了"信息高速公路"。他还致力于多媒体电视的研究。他说："我不想工作太长的时间，当我 50 岁时，我将把 95% 的财产用于资助慈善事业和科研工作。"

比尔·盖茨放弃了上学而选择投入自己感兴趣的专业中，体验与大学不同的生活。可以说在他踏入自己选择的事业时，一定做了充分的准备，这也需要一定的勇气。而盖茨总是试图尝试能够引领时代的冒险，这也让他获得了源源不断的抓住和实现机遇的动力，所以，我们看到了一个不断创造、体验和享受奇迹的伟人的传奇人生。而他所拥有的天文数字的财富，反倒成了这种体验之外的一种点缀。

坚持目标是机遇转为成功的必要保证

机遇往往只降临到那些能够将自己的目标坚持到底的人身上。

如果不能坚持自己的目标，老是跟在别人的屁股后面跑，那样不但很累，还可能使你错过一切降临的好机会。

当你决定放弃自己的坚持，而去选择与他人相同的目标或结果时，机遇便已离你远去。机遇往往只降临到那些能够将自己的目标坚持到底的人身上。

乔治的父亲是一家小机器工具厂的老板，受父亲影响，乔治从小就对各种机器很感兴趣。为了跟这些可爱的机器亲近，12 岁那年，乔治要求到父亲的工厂当一名临时工。父亲也希望他能得到锻炼，欣然应允。一个星期六的下午，别的工人都下班了，父亲让乔治加班切割一批铁管子。当时的切割机械还没有发明出来，只能用手锯切割，费时又费力。乔治毕竟年幼体弱，干了一阵就干不动了。他坐下来，边休息边琢磨是不是有什么更省力的法子。当他的目光落到旁边的蒸汽机上时，心里忽然一动：这个庞然大物力气大得很，如果让它切割，它一定能胜任。

于是，乔治将钢锯固定在蒸汽机上，做成了一把简易机械锯。用它切割，一根铁管几秒钟就锯好了。乔治惊喜不已，原来动脑筋的力量是这么大呀！机械锯是乔治平生的第一个发明。不过它起初土法制造，既不美观也不耐用，乔治想把它设计得精细结实一点。于是，他买来一大堆书，开始研究蒸汽机。一个这么小的孩子阅读如此专业的书籍，难度很大，可是他有兴趣就不怕苦不怕累。在研究过程中，他不但解决了机械锯的问题，还发现了一个新的研究课题：当时的蒸汽机是往复式，由活塞上下带动皮带把动力传送到机器上，效能很差。乔治经过几年努力，将它成功地改成回旋式，既节省能源，效率也更高。凭此发明，15 岁那年，他获得了平生第一个专利。

乔治 19 岁时，应征入伍。几年后，他复员了，坐着火车回家。当时的火车制动能力较差，遇到紧急情况很难刹住车。乔治坐的这列火车就遇到了紧急情况，结果出轨。乔治侥幸毫发无伤。庆幸之余，他不禁想，坐火车如此危险，会危及多少人的生命呀！有没有什么办法防止火车出轨呢？他决定好好研究一下这个课题。回到家后，乔治广泛阅读相关书籍，进行了艰苦的研究，终于发明了"火车出轨还原器"和"空气制动器"，彻底解决了火车刹车的问题。

不过，乔治的发明虽好，用途却不广，只有推销给铁路部门才能发挥出价值。乔治心想，自己的发明能使无数人的生命得到保障，一定会大受欢迎。但是，他想错了！当他去向"铁路大王"范德波特推销自己的专利成果时，这位傲慢的老先生毫不客气地对他说："小伙子，我认为你是一个疯子，所以你才会有如此古怪的念头。"乔治太年轻了，范德波特根本不相信这个 23 岁的小伙子能让奔驰的火车停住，而那么多高级专家却束手无策。他以为乔治不过是拿着一个幻想的玩意急于出名而已！范德波特是业界的权威，既然他认为乔治是疯子，那么乔治一定是疯子。所以，"疯子乔治"的外号不胫而走。没有一个人相信乔治的发明，自然也没有人愿意为它投资生产。

乔治坚信自己的发明对人们有极大的价值，因为安全是每一个人都关注的，那么，他的发明迟早会被市场接受。他不理会别人的嘲讽，不厌其烦地到处推销自己的成果。终于，一个名叫巴格勒的人被乔治的决心打动，愿意投资生产这个产品。产品生产出来后，他们又全力推销。一家铁路公司的负责人表示，除非他们自费进行一次刹车试验，证明这个产品可靠，他才同意购进。乔治和巴格勒孤注一掷，拿出全部积蓄，进行了这次试验。当急驰的火车奇迹般停住时，人们欢呼起来。这意味着火车出轨这个最大的隐患彻底解决了，每个人都感到由衷欢喜。

此后，几乎所有的铁路公司都用上了乔治的发明，只有那个固执的"铁路大王"范德波特除外。不过，当他的火车经历了一次出轨惨祸后，他立马将自己的火车全换上了乔治发明的空气制动器。自此，再也没有人叫"疯子乔治"这个外号了，人们改口叫他"匹兹堡的神童"。凭此发明，乔治与巴格勒创办了西渥公司，他们将产品销到了世界各地。

乔治一生共有 361 项发明，并亲手创办了 6 家著名公司，誉为"发明奇才"和美国现代工业的奠基人之一。

乔治的成功充分说明了坚持目标的重要性，坚持目标是迎来一切机遇迈向成功的重要保证。

目标越具体越能赢得成功

如果你不知道你要到哪儿去，那通常你哪儿也去不了。

没有人会怀疑在做任何事之前设定明确目标的重要性，然而，大多数人却都没有真正地瞄准目标去生活，也没有认真地将自己的目标具体地写下来。事实上，若是有一种目标值得你去达到，这工作就值得好好地计划和行动。把想达成的目标，记录在纸上，这就好比你在旅游时，一定要先决定好目的地的道理是一样的。

目标越具体、越明确越好，但问题在于不管设定怎样明确的目标，如果潜在意识里认为不太可能，那么结果那个目标就不可能达到。所以，最好还是把潜在意识里认为可以做到的事当成目标，并随时认同你的目标。

尽量设立高目标，向着高目标努力，人生才会有乐趣，只有低目标，人生是毫无意义的。所以目标自然还是越高越好，但是也要以潜在意识能认同的比较好。

没有计划，我们便难以赢得机遇的垂青，达到我们的目标。不过，达到目标之后，我们回顾一下，又明白我们并不是完全按照我们的计划才达到目标的。这么说来，我们必须愿意拟定一个计划，照着做，当一些更好的选择机遇出现时，再放弃它。

要以能获得的最好方法、最好的行动来走向目标。越来越接近你的目标之际，这些方法与工具可能会有改变，不过，此时就拟定计划并且使用你目前能采取的方法与行动来做事，是十分重要的。

　　拟定计划也许不是件简单的事——你选择并且将那些选择以白纸黑字写下来往往不是很容易，但其过程相当简单。选一个你要你的目标达成的日子，将这日子写下来，并且拟定那时与此刻之间必须发生的所有事情的日程表。

　　日程表要常做，做到你知道"下一步"该做什么，要能随时采取走向你的目标的下一步行动。关于你的下一个行动步骤，如果你说："我要到下星期才能走那一步。"那么几乎必定有一个你现在就能采取的比较小的行动步骤。可能是打个电话，看一本书或收集信息，也可能是规划下一天，写下具体事宜，或者做一项决定。安排一下，以便你随时都有一件事可以做来走向你的目标。

　　为你已有的东西排一下"维修"活动日程表，维修你已有的东西，叫"将你的梦想付诸生活"；拟定计划并且有方法地获取你还没拥有的东西，叫"追求你的梦想"。

　　在将你的梦想付诸生活与追求你的梦想之间，不会剩下多少时间做别的事。不过，这两者就足够构成充实的一天了，并且也构成一个充实的人生，就这么规划吧！

　　有一位父亲带着3个孩子到海边去捕鱼。他们到达了目的地。父亲问老大："你看到了什么呢？"老大回答："我看到了渔网、鱼，还有一望无际的大海。"父亲摇摇头说："不对。"父亲以相同的问题问老二。老二回答："我看到了爸爸、大哥、弟弟、渔网、鱼，还有大海。"父亲又摇摇头说："不对。"父亲又以同样的问题问老三。老三回答："我只看到了鱼。"父亲高兴地说："答对了。"

　　西方有一句谚语说，"如果你不知道你要到哪儿去，那通常你哪儿也去不了。"要取得非凡的成就，就一定要发现或搞清楚你的具体人生目标是什么。

1984年，在东京国际马拉松邀请赛中，名不见经传的日本选手山田本一出人意料地夺得了世界冠军。当记者采访他时，他告诉了众人这样一个成功的秘诀：我刚开始参加比赛时，总是把我的目标定在40多公里外终点线上的那面旗帜上，结果我跑到十几公里时就疲惫不堪了，我被前面那段遥远的路程给吓倒了。后来，我改变了做法。每次比赛之前，我都要乘车把比赛的路线仔细地看一遍，并把沿线比较醒目的标志画下来，比如第一个标志是银行，第二个标志是一棵大树，第三个标志是一座红房子……这样一直画到赛程的终点。比赛开始后，我就以最快的速度奋力向第一个目标冲去，等到达第一个目标后，我又以同样的速度向第二个目标冲去。40多公里的赛程就这样被我分解成这么几个具体的目标轻松地跑完了。

山田本一的话令人深思。看来，辉煌的人生不会一蹴而就，它是由一个个具体的目标的实现堆砌起来的。让我们把目标具体化，用一个个的小胜利赢得最后的大胜利吧。

你的人生具体目标，应该是你的事业的规划，你需要一个详细的个人发展计划。这个计划可以是一个5年的计划，也可以是一个10年、20年的计划。不管是属于何种时间范围的计划，它至少应该能够回答如下问题：

我要在未来5年、10年或20年内实现什么样的个人目标？我要在未来5年、10年或20年内创造出什么或达到何种程度的工作能力？我要在未来5年、10年或20年内拥有什么样的一种生活方式？

有了目标和计划，也就有了方向。朝着这个方向努力，你就能够得到机遇的垂青，成功就可以实现。

目标越专一越容易抓住机遇

集中焦点是具有方向性的，集中焦点表示你把目光注视在你的目标上，而且你只做那些可以帮助你实现目标的事情。

设定目标是集中焦点的中心主旨，如果你没有目标，或假如你的目标不够宏大或重要，集中焦点的效益就不大。

举例来说，有人能够目视过电话簿就记得电话号码，但电话簿随处可得，又常常更换，需要时随时可以查得到。所以如果你的目标是要背下电话簿里的电话，这个目标实在不够重要。

时常提醒自己目标的存在也非常重要，要记得你是谁，你要成为什么样的人，你也要常常在内心深处想象如何塑造未来的自己，立志成为想要成为的人，每一天都要怀抱这样的梦想和目标度日。

如此一来，你会自动选择相关的事去做，不相干的事情暂且不做。你的选择也会与此目标有关，而不会做出其他毫无关联的选择。你就能够勇敢地迎接机遇，不会允许自己有任何的退缩或躲避。

当你的心灵将焦点集中在特定目标上，你会不由自主地朝此目标前进，你就会看淡一些不相干的事情，在不必要的事情上减少注意力。你看待事情时总是会想想这与你的目标是否一致，你会不断地问自己：要怎样做才会帮助我实现目标？这件事情会不会对我真正梦想的事有助益？这件事能不能与我的目标或梦想配合？这件事情是不是和我的目标有相关性？集中焦点，否则你将无法实现目标。

　　迎接机遇的到来，第一步是最困难的，其中的关键在于你必须了解，所有机遇的获得，都必须先建立清晰且明确的目标。当目标的追求变成一种执着时，你就会发现，你所有的行动都会带领你朝着这个目标迈进，机遇也就会不请自来。

　　美国钢铁大王安德鲁·卡内基就是一个很好的例子，当他决定要制造钢铁时，便把一切努力的焦点都集中于此。他寻求一位朋友的合作，由于这位朋友深受卡内基执着力量的感动，便贡献自己的力量。这两个人的共同热忱，最后再说服另外两个人加入行列。这四个人最后形成卡内基王国的核心人物，他们组成了一个智囊团，他们四个人筹足了为达到目标所需要的资金，而最后他们每个人也都成为巨富。

　　想法太多，或者要想实现的目标太多，跟没有想法没有目标其实是等同的。

　　席尔儿时就是游泳健将，经常参加比赛。"自幼，别人就从两方面来看我们。"他说，"一方面看我们是谁，另一方面看我们有何行为。我总是因为比赛成绩优秀受到称赞。"因此席尔不断追求成就。他的辉煌从一幢建筑物开始，然后变成两幢，名气愈来愈响亮，业务不断扩充发展。最后，席尔的事业扩张到自己都弄不清楚究竟涉足了多少生意。

　　"我兼营制造业、中介业务、管理事业、旅馆经营、公寓改建等，每一种行业我都想发展。我非常兴奋，不知道什么是自己做不到的，所以想试探自己的潜能。我常在早上起床看到报纸上赫然印着自己的名字，感觉相当舒服。然后再看一遍，感觉更舒服。凡事问题愈大愈多就愈好。"

　　有一天，银行打电话通知他的公司已过于膨胀，缓付款也已到期，要求偿还贷款。席尔就这样崩塌了。刚开始席尔责怪每一个人，把错误归咎于银行、社会经济情势或公司员工身上。最后，他终于认识到了症结所在："我知道自己太自私了，我走得太快、太远，不知道自己的能力有一定的限度。面对新机会时我不说：'这类生意我不做。'反而说：'为什么不做？我什么生意都做。'我就是太好大喜功。由于事事都想插手，结果无法把精神集中在某一件事情上面。哪一个问题最迫切需要解决，就成为我的当务之急。我错把时间上最紧急的事当作最重要的事。"

席尔明白了自己的失误，立即周密筹划部署，重整旗鼓，去攻克自己唯一的目标。

席尔最擅长的是房地产开发。经过几年的拮据与苦撑，由于他精心经营，逐渐有了起色。现在他再度成为纽约的百万富翁，而且可喜的是对自己能力的限度了解得更清楚了。

若是现在席尔脑中再次闪现"事事想插手"的念头，另一个脑电波立即会将其打倒——我只需做好自己该做的，把那些机会留给适合它们的人吧！

目标的设定要从实际出发

一个人目标高远，但也要面对现实的生活。

从前，有两个饥饿的人得到了一位长者的恩赐：一根鱼竿和一篓鲜活硕大的鱼。其中，一个人要了一篓鱼，另一个人要了一根鱼竿，于是他们分道扬镳了。得到鱼的人原地就用干柴搭起篝火煮起了鱼，他狼吞虎咽，还没有品出鲜鱼的肉香，转瞬间，连鱼带汤就被他吃了个精光，不久，他便饿死在空空的鱼篓旁。另一个人则提着鱼竿继续忍饥挨饿，一步步艰难地向海边走去，可当他已经看到不远处那片蔚蓝色的海洋时，他浑身的最后一点力气也使完了，他也只能眼巴巴地带着无尽的遗憾撒手人间。

又有两个饥饿的人，他们同样得到了长者恩赐的一根鱼竿和一篓鱼。只是他们并没有各奔东西，而是商定共同去找寻大海，他俩每次只煮一条鱼，他们经过遥远的跋涉，来到了海边，从此，两人开始了捕鱼为生的日子。几年后，他们盖起了房子，有了各自的家庭、子女，有了自己建造的渔船，过上了幸福安康的生活。

一个人目标高远，但也要面对现实的生活。只有把理想和现实有机结合起来，才有可能获得机遇，成为一个成功之人。

跳高中，横杆高度的一次次上升对于运动员来说意味着一个个不同的目标。

为什么每个教练在训练跳高选手时，横杆高度总是由低到高，每次向上调整一点，而不是一下子就升到老高让运动员望而却步。因为，为了使选手有信心能够愈跳愈高，教练先以低的横杆让运动员跳过，增强他的信心；选手因跳过了先前的高度而有了信心，自然就能够再挑战更高一点的高度。

由于一次次地调整横杆高度，对选手而言，是清楚的、具体的且可以衡量的。所以，每当他跳过一个高度时，便能实际感受到成功的喜悦及信心的建立带来的成就感，并且有勇气继续向更高一点的高度挑战，经受住每次升高一点横杆所带来的适度压力。成功跳过横杆所累积的信心，就能化压力为动力，向下一个目标高度前进。

选手之所以能在更高难度的挑战中成功，是因为他们脑中有以前成功跳过横杆的经验，他们的身体状态及精神会处在以往成功跳过横杆时的最佳状况，跳过高一点的横杆就可能成功。

如果一开始就要运动员跳很高的高度，虽然也有明确的目标，但因目标定得太高，尽管选手积极努力，拼命地向此高度挑战，由于不断失败，选手便会对自己的能力失去信心。愈是没有信心，就愈没有办法发挥实力，如此恶性循环下去，选手便会放弃。

另一方面，如果教练一直把横杆高度降得很低，即目标降得很低，则无法对选手造成压力，自然选手也就失去了再往上挑战的动力。

在一次为退职者举行的招待酒会上，一位退职的老先生多喝了一两杯酒后，他说出了几句肺腑之言："喂，年轻人，你们认为你们对世上的事都知道，奉劝各位，事实并非如此。我的经历足以证明，当我回首往事的时候，我曾经拥有的那些伟大的抱负到头来都是一场空，毫无价值。留在我记忆中的只是一个又一个失去的机会。"

老人十分伤感的样子，让人们看到他一生中没有设定出恰如其分的目标，也就抓不到任何机遇。

　　目标给予我们力量，让我们充满生命力。因为目标与实际有差距时，会产生压力，并设法使目标和实际接近。如果有信心达到目标，就会积极求解，使压力转化成动力；如果没有信心，则会用退却的合理化来降低压力。压力消失了，动力也就没有了。

　　人们常常用积极求解或退却的合理化来化解压力。当我们有信心时，常会采取积极求解的态度，如此压力就会转化为动力，向更高的目标迈进；反过来，如果没有信心，就会采取退却的合理化来对待压力，就像降低跳高的高度，此时压力就会消失，动力自然也就没有了。

　　所以说，目标要恰当，要从实际出发，过低或过高都难于迎来机遇，拥有成功。